社会脳ネットワーク入門

社会脳《デフォルトモード》と認知脳《ワーキングメモリ》ネットワークの協調と競合

苧阪直行・越野英哉

新曜社

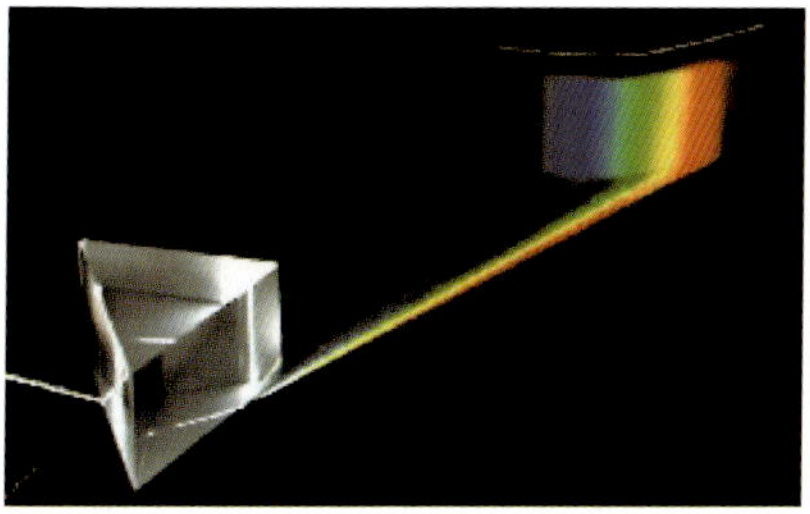

図1-2　虹の合成と分解（本文 p.9）

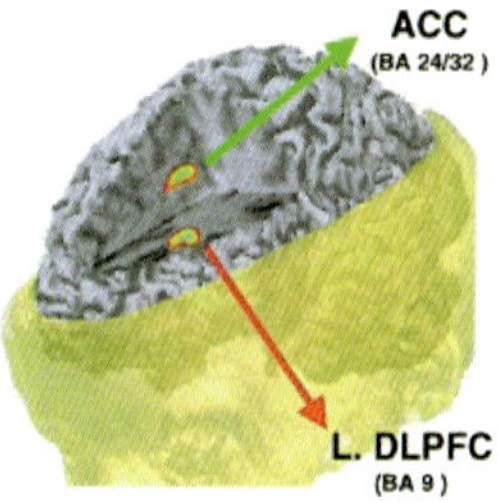

図3-3　ストループ課題のコンフリクト条件で活動したACC（BA24/32）

（MacDonald et al., 2000）（本文 p.27）

DLPFC（BA9）も同時に活動している（3次元表示に注意）。

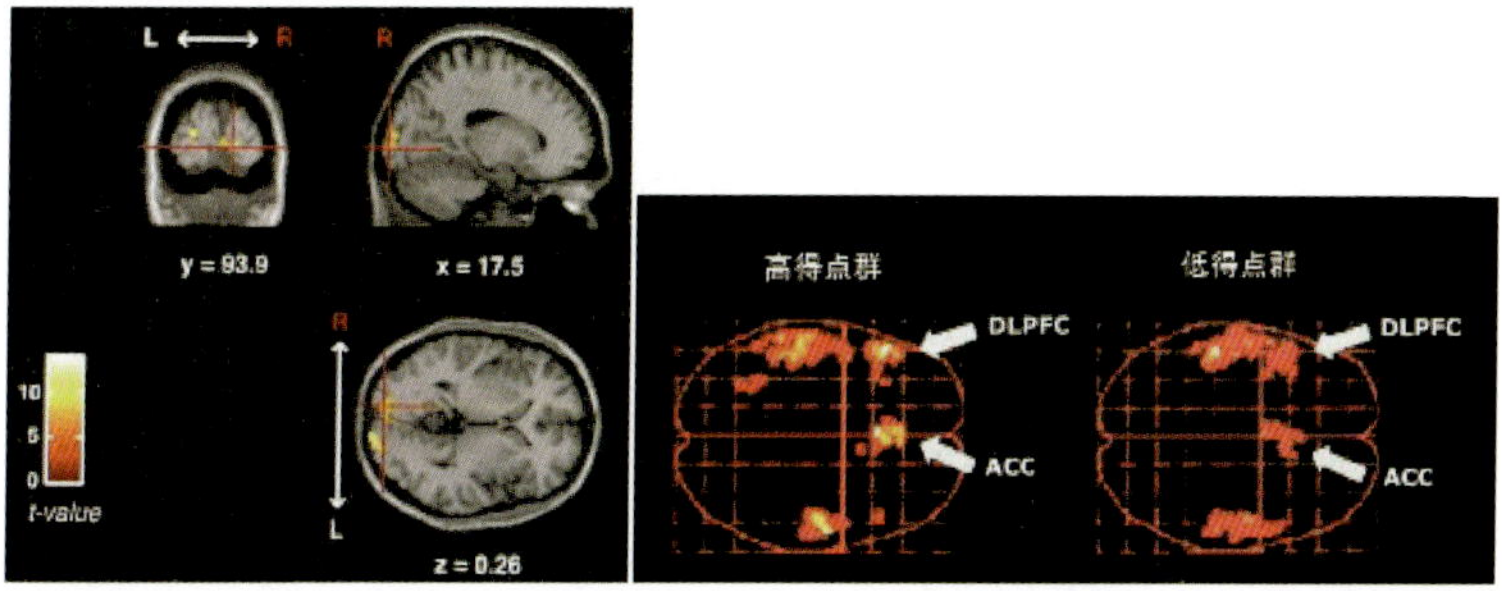

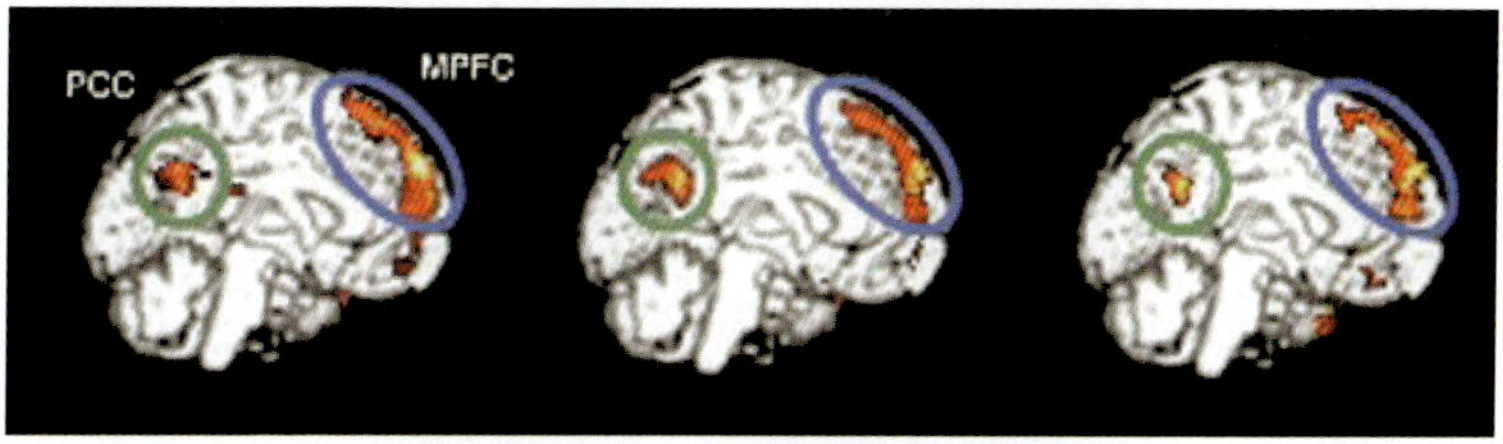

図4-4　fMRIによる脳画像化の具体例

（Tsubomi et al. 2012; Osaka et al. 2003;Yaoi et al. 2009より一部改変）（本文 p.34）

【A】光刺激による1次視覚野の賦活、【B】ワーキングメモリ課題による背外側前頭前野（DLPFC）と前部帯状回皮質（ACC）の賦活（軸位断グラスブレイン）、【C】自己・他者参照課題による内側前頭前野（MPFC）と後部帯状回（PCC）の賦活（内側面）。

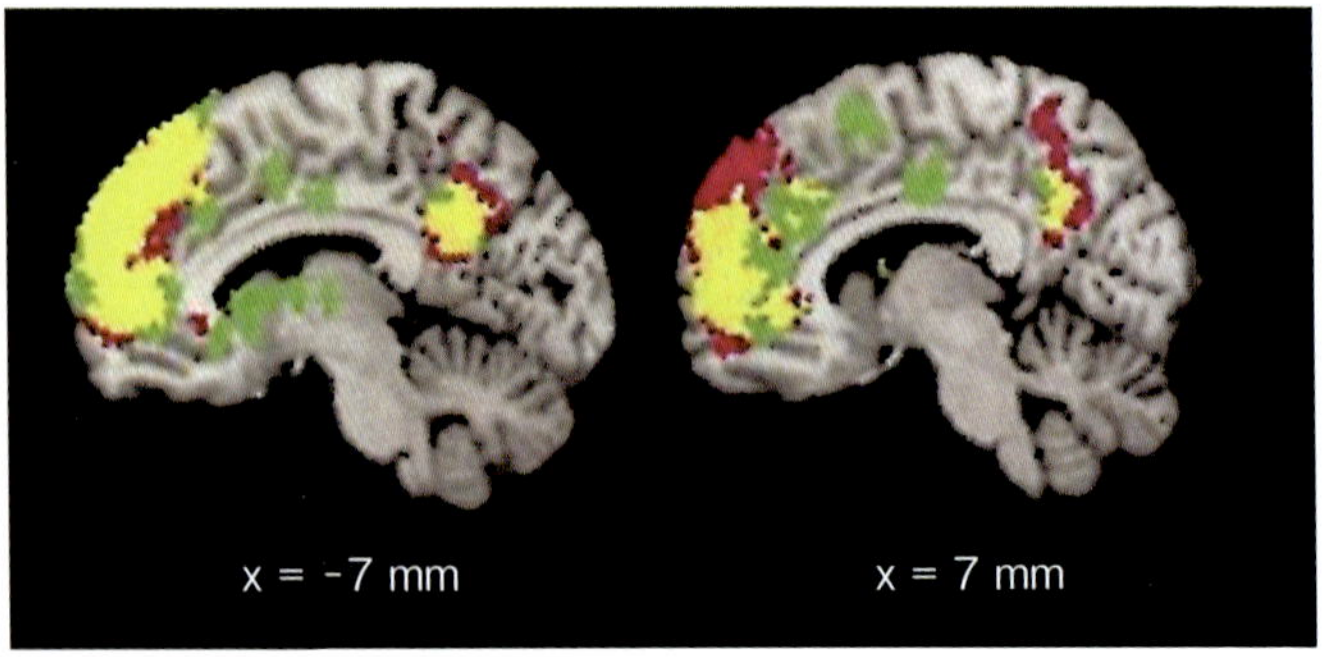

図6-1　自己参照課題のメタ分析（Denny ey al., 2012より）（本文 p.53）
他者帰属（赤）、自己帰属（緑）、および両方の帰属条件（黄）で活性化した領域（左右がそれぞれ左半球と右半球）。

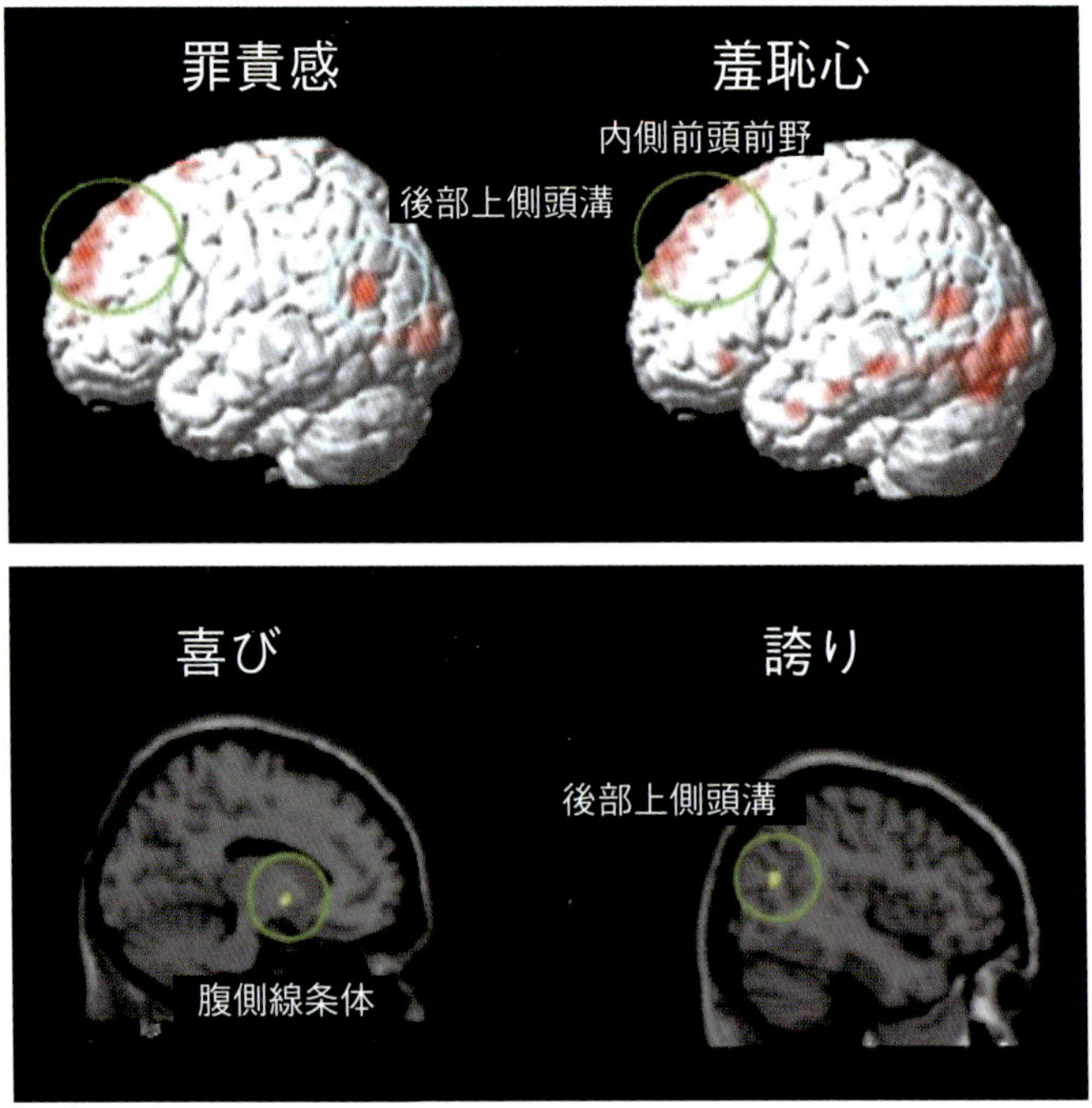

図7-10　罪悪感・羞恥心および喜び・誇りにかかわる脳領域
（高橋, 2014）（本文 p.73）

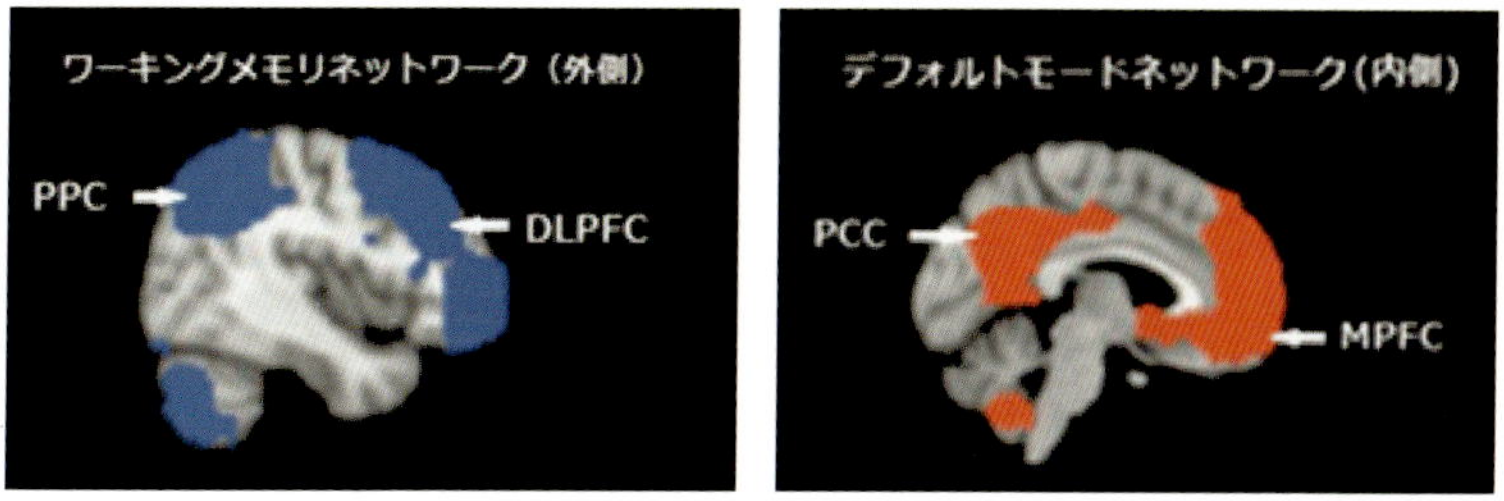

図9-1　ワーキングメモリネットワークとデフォルトモードネットワーク
（Menon, 2011を改変）（本文 p.85）

ワーキングメモリネットワークの中核的領域は外側の背側前頭前野（DLPFC）と下頭頂葉（PPC）であり、またデフォルトモードネットワークの中核的領域は内側の前部前頭前野（MPFC）と後部帯状回（PCC）である。

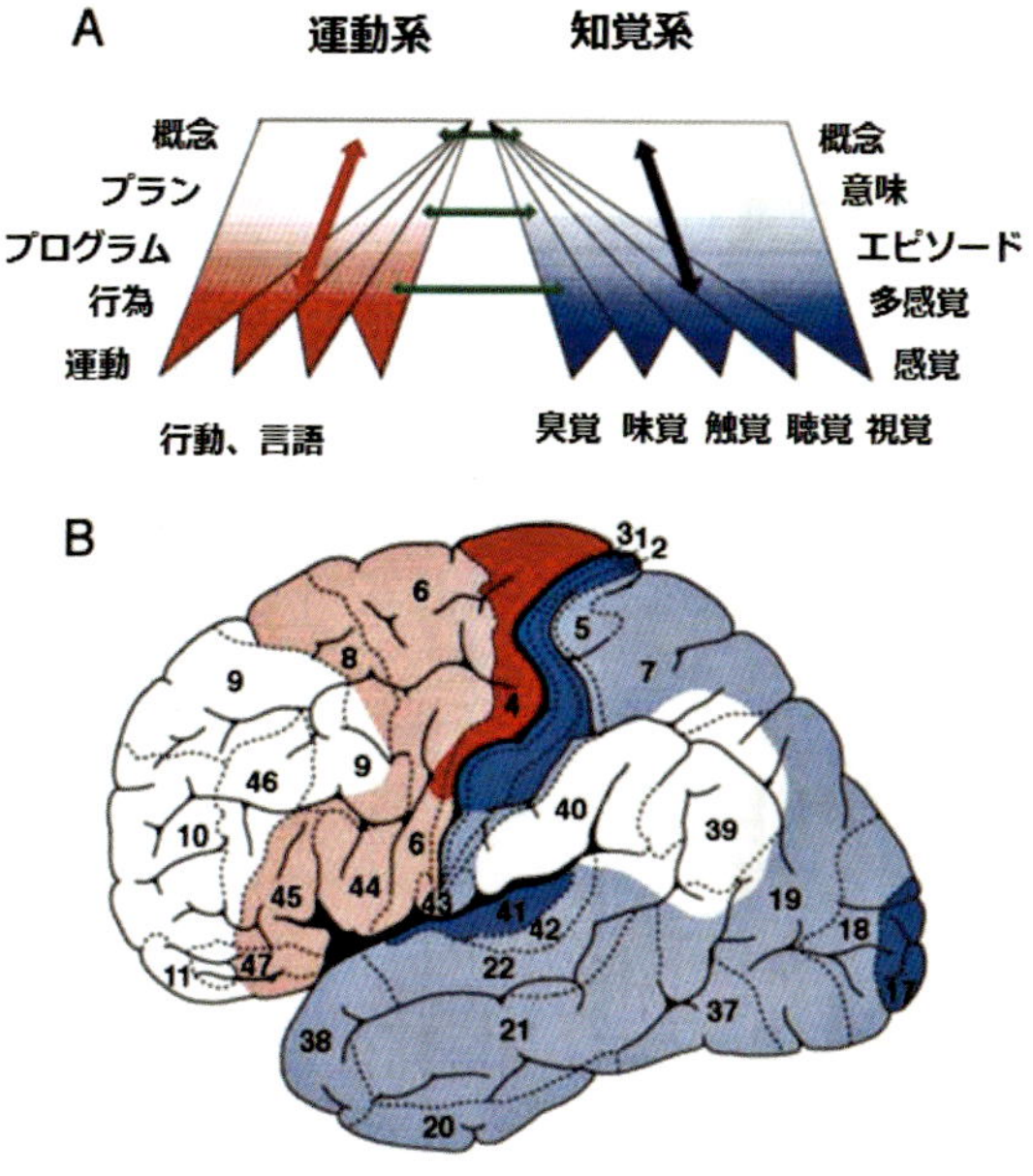

図9-3　フュスター（1997）のモデル（Fuster, 1997）（本文 p.90）

【A】情報処理の階層構造を表す。知覚系における情報入力は五感から始まってそれらが多感覚に統合され、さらに記憶などと結びつくことによって高次の概念に統合される。運動系における出力においては行動のプランが形成され、それがより細かなプログラムに分解され、効果器（手、足、口、舌など）を通して出力される。【B】それらの過程に対応した脳の領域。濃い青は感覚領域に対応し、白は頭頂および前頭連合野である。濃い赤は運動野である。

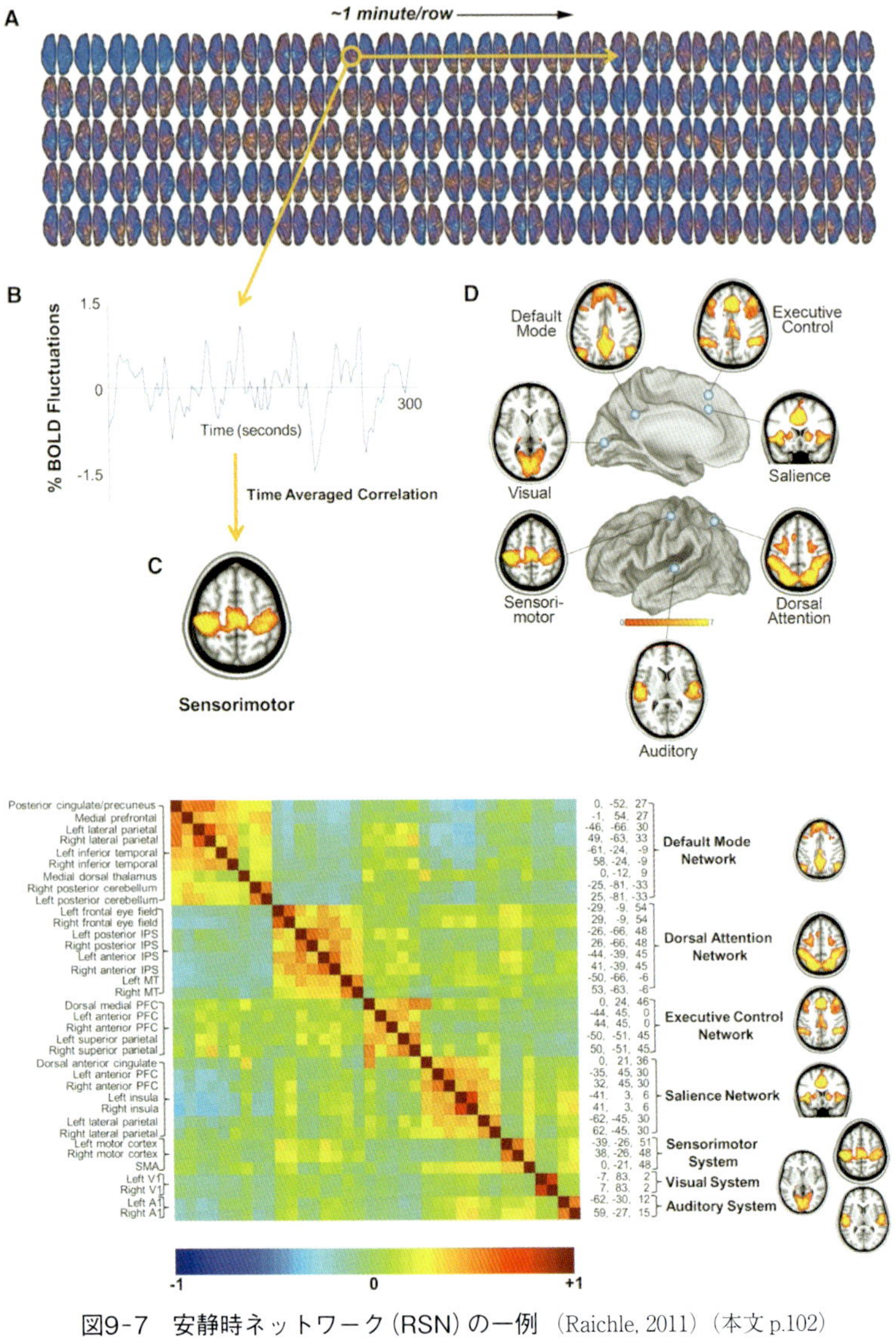

図9-7　安静時ネットワーク（RSN）の一例　（Raichle, 2011）（本文 p.102）

【A】安静時状態での一人の脳の5分間の変動パターン、【B】脳の活動（BOLD 信号）、【C】BOLD 信号の時間的変動が似たパターンを示す領域がネットワークを形成している（ここでは感覚運動領域）、【D】取り出された7つのネットワーク。下は変動パターンの相互相関から導かれたネットワーク（赤が高い相互相関をもう領域を示す）。

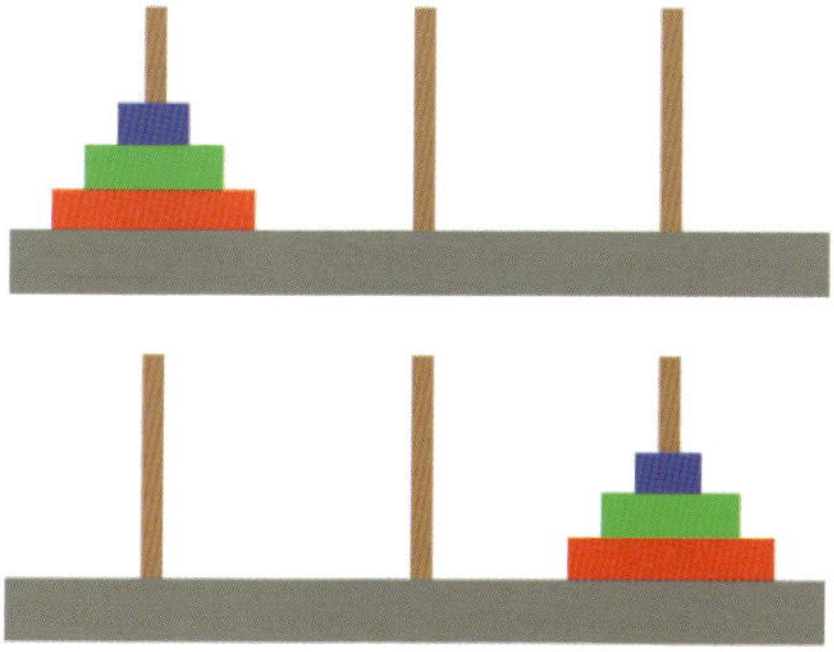

図10-2　ハノイの塔（本文 p.109）

図10-4　ストループ課題

（本文 p.114）

ストループ課題においては、インクの色を命名する課題と単語を読む課題がある。どちらの場合も不一致条件の反応時間が一致条件よりも長くなるが、これがストループ干渉効果である。ストループ干渉効果は通常はインクの色を命名する場合のほうが色名を読むより大きい。

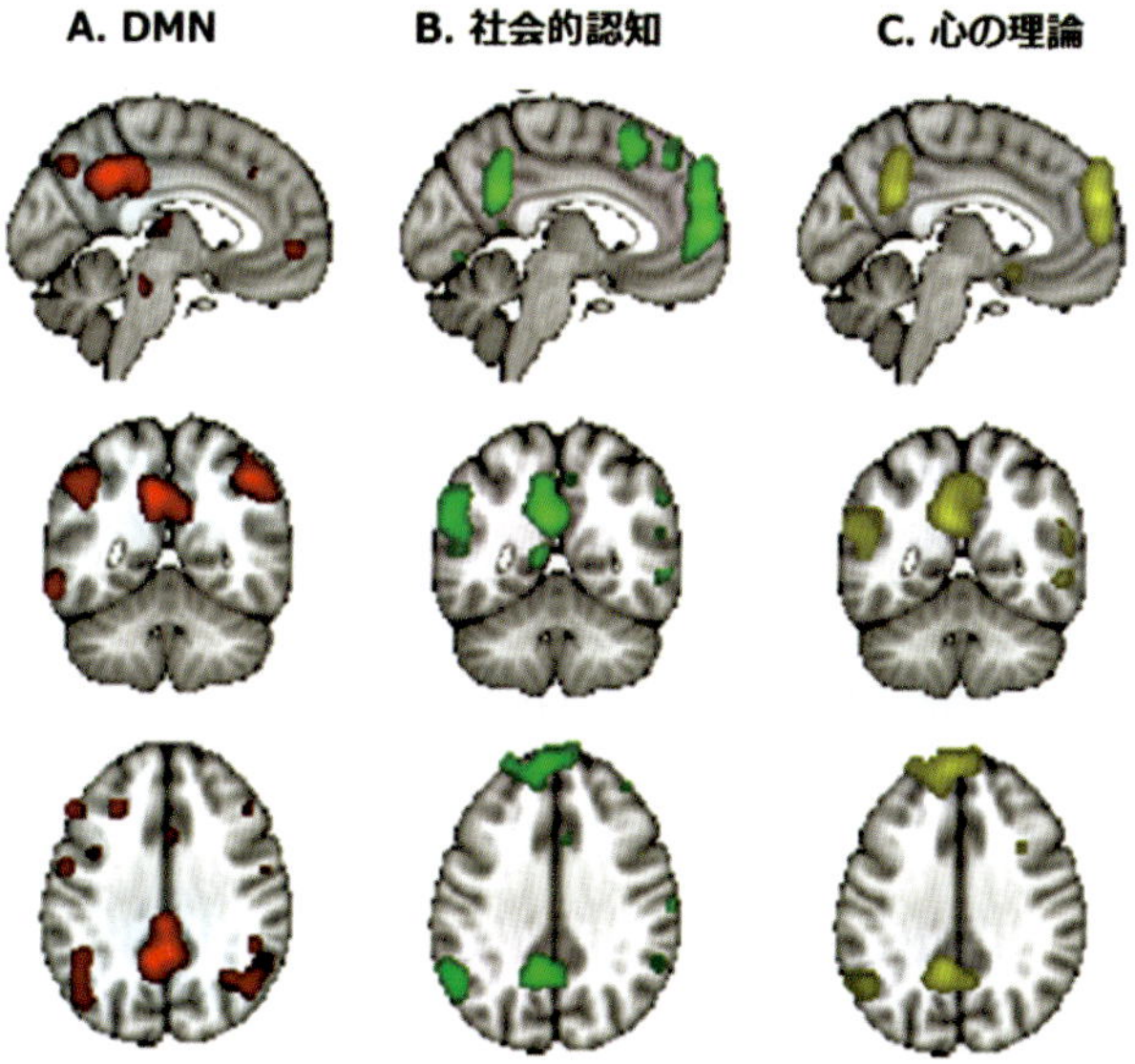

図11-2　DMN、社会的認知、メンタライジング（心の理論）ネットワーク

（Mars et al., 2012を改変）（本文 p.127）

DMN、社会的認知、そして心の理論ネットワークが非常によく対応していることが見てとれる。

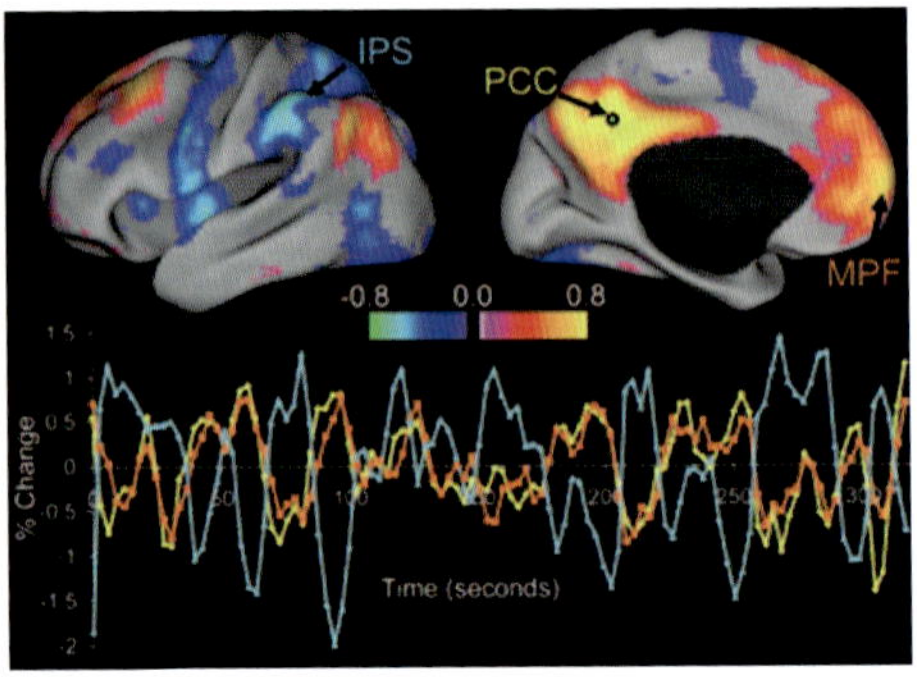

図12-1　デフォルトモードネットワークと注意ネットワークの間の負の相関

（Fox et al., 2005より）（本文 p.133）

青は IPS（intraparietal sulcus）で、注意ネットワークの中核領域のひとつである。オレンジは MPF（medial prefrontal）また黄色は P C C（posterior cingulate cortex）で、両者とも DMN の中核領域である。MPF と PCC の活動は時間軸に沿って同期している。そして、それらの活動と IPS の活動は時間軸に沿って正反対のパターンを示している。つまり、一方の活動が上がると他方の活動が下がっている。

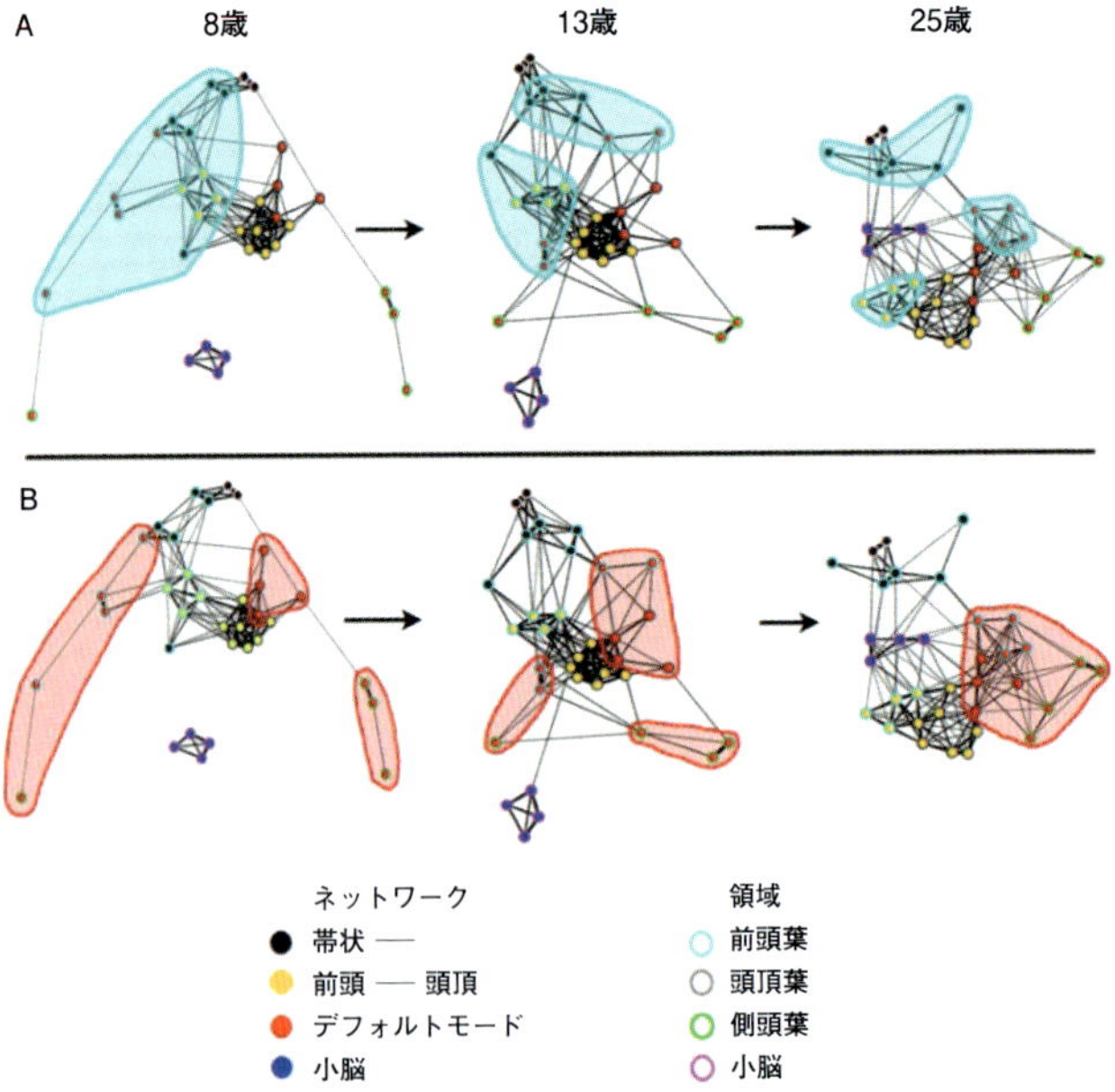

図15-3　脳内のスモールワールドネットワーク（Fair et al., 2009を改変）（本文 p.181）

年齢が上がるにつれてクラスターができていく。

まえがき

本書『社会脳ネットワーク入門――社会脳《デフォルトモード》と認知脳《ワーキングメモリ》ネットワークの協調と競合』は二つの新しい視点を提供します。第一の視点は、豊かな社会性を生み出す社会脳のはたらきをネットワークの視点で捉える試みです。今日まで、脳の生物学的仕組みの解明は動物の脳を中心に、大きな成果をあげてきましたが、脳の社会的はたらきやその仕組みの解明は遅れていました。脳の社会的機能については、「社会脳（social brain）」と呼ばれる新しい研究分野が急速に拓かれつつあり、これからの社会の在り方に大きなインパクトを与えようとしています。自己を知る脳や他者を理解する脳のネットワークは、前頭葉や頭頂葉のネットワークと協調して社会脳ネットワークを形成していることが最近の脳のネットワークの先端研究で明らかになってきました。古代ギリシャの哲学者ソクラテスは「自己自身を知れ」と述べ、またアリストテレスは「人間は社会的動物である」と言いましたが、まさに、この自己と社会を結ぶのが社会脳です。

われわれは外界から情報を取り込み、情報を選択しながら最適な適応行動をとっています。外界の認識と適応行動は、脳の知覚や運動のシステムがそれぞれ担っており、これは主として認知脳（cognitive brain）の役割で、具体的には知覚や記憶のはたらきです。一方、自己内部の身体感覚をはじめとして、自己という内界から出発し、他者の心を想像し（メンタライゼーション）、自分なりの信念をもち、さらに仲間と共感し合うなどの社会性を生みだすのは社会脳の役割です。われわれは生まれた瞬間から、親や友人などの他者との交わりを持続的に持ち続けることで、豊かな社会性や利他性、さらにレジリエンス（精神的復元力）を獲得します。そのプロセスが、自己の心の内部世界を成熟させ、社会のなかでの自己の位置を自覚させます。

本書の第二の視点は、社会脳を認知脳のネットワークとのダイナミックな相互作用を通して捉えようと試みている点です。社会脳と認知脳を形成する種々のサブネットワークを整理し、両者のダイナミックな相互作用がヒトの意識を創発していることを示しています。認知脳の代表としてワーキングメモリネットワークを、社会脳の代表としてデフォールトモードネットワークを想定し、脳の前頭前野の内側面が社会脳ネットワークの、そして外側面が認知脳のネットワークの機能的中心領域と想定します。両ネットワークが容量制約のある注意（気づき）という資源をめぐって、シーソーのように揺れることで動的な平衡が維持されると考えています。

認知脳と社会脳の相互作用を通して、「人間とは何か？」という問いへの一つの答えを示し、また「我々はなぜ生きるのか」を「脳から見た社会」という視点で考えます。「社会的存在としての脳」の意義は、生命の持続的維持という基本的役割に加えて「他者の心を理解し、利他性の豊かな社会性を育て、他者と協力して新たな社会を創造してゆく」ところにあります。今日、われわれは物理世界と仮想世界が入り混じり、ＡＩ（人工知能）が大きな役割を果たす近未来の情報社会（society 5.0）の入り口にいます。この近未来社会に再適応するにも、やはり脳の前頭前野にあってＡＩやＩＣＴを生み出してきた認知脳やＨＩ（人間の知能：human intelligence）の研究が必要ですが、これはワーキングメモリネットワークの創発特性と深くかかわる可能性があります。また、今日の社会ではいじめ、引きこもり、ネット依存症などさまざまな社会不適応が生じ、健全な社会性が失われつつありますが、その回復にも社会脳の仕組みの研究とその研究成果の社会還元が必須です。

本種の第Ⅰ部は主に苧阪が、第Ⅱ部は主に越野が執筆しました。また、本書は社会脳シリーズ全9巻（2012-2015 刊行済み、新曜社）の解説を兼ねていますので、詳しくはシリーズの各巻を参照してください。新曜社の塩浦暲社長にはシリーズ刊行に続く本書の刊行でもお世話になりました。東美由紀氏（大阪大学情報通信研究機構（ＮＩＣＴ）脳情報通信融合研究センター（ＣｉＮｅｔ）脳情報工学研究室研究員）には原稿の整理で、矢追健氏（京都大学大学院文学研究科助教）には原稿を読みいろいろな御意見をいただいたことについて、それぞれ感謝します。

２０１８年２月２日

苧阪直行
越野英哉

目　次

6章 社会の中の自己

7章 融合社会脳の展開

装幀＝新曜社デザイン室

第I部

1章　脳と心

1－1　脳と心の研究史

意識のサイエンスである心理学は19世紀に哲学の揺りかごから生まれ、その後、歴史の波にもまれながら発展してきた。しかし、心の主要な働きである認識や行動を生みだす脳の仕組みと志向的な意識については、現在でも未解明な問題が多く残されている。動物実験によって脳の仕組みの解明は進んだが、人間の記憶とつながる情報処理の仕組み、たとえば社会意識や自己意識などの仕組みは未解明だ。ヒトの社会意識は文化、宗教や教育など、いずれも記憶や学習に基づく認知によって育まれるが、社会脳の新たな進展によって、ようやく最近その一端が明らかになってきた。たとえば、秋の虫の鳴き声に風情を感じるのか、うるさいと感じるのかは、育ってきた文化や社会によるのかもしれない（文化神経科学）。また、宗教において特定の神を信じるのかどうかといった信念の問題も、社会脳解明の最終目標のひとつといえるだろう。信念は何かを信じるという個人の心の状態であり、外部から観察できないという意味で、主観的な意識の問題だといえる。そして、この見えない信念の観察は、社会的存在としての脳の解明の目標のひとつだと考えられている。

心理学は19世紀に哲学の認識論の一分科として生まれたが、その目的のひとつは主観性という意識の特徴を、当時ドイツを中心に勃興しつつあった自然科学の方法を用いて解明することであった。1879年に意識を実験によって調べるため、実験心理学の研究室がドイツのライプチヒ大学のヴントによって創設された。それ以来、実験心理学はさまざまな時代の波にもまれ、幾多の歴史的変遷を経て脳と意識を科学的に研究してきた。行動主義の時代には、刺激と反応の間のかかわりにのみ注目し、両者を媒介するプロセスとしての意識の研究は、残念なことに研究の対象外にあった。しかし、極端な行動主義は次第に姿を消し、志向的な心の状態を示す意識を重要な研究目標とする認知主義が盛んになった（第Ⅱ部参照）。もっとも、意識の科学を標榜してきた心理学にとっても、脳と意識の問題は17世紀の意識の科学の祖といえるデカルトの二元論以来、4世紀にわたって解くことのかなわぬ難問であった。難問である理由として哲学者チャルマースは意識のユニークな特徴としてのクオリア（感覚の質）を取り上げ、これは主観的な意識の内容を含んでいるので、科学ではその解明は困難であると考えた。クオリアは自己（私）が感じる鮮やかな緑色、酸っぱいレモンの味とか明るいバイオリンの音色などで、これは主観的な感覚の質（クオリティ）を表すとされる。クオリアという主観性は自分だけでなく、他者にも共通に認められる相互に主観的な経験だと考えることもできよう。しかし相互的な主観性の研究も科学の研究の対象とならないなら、クオリアの科学的研究もできないことになる。一方、哲学者の好むクオリアの概念は誤りであり、これが意識の科学的研究を妨げてきたと主張する米国の認知哲学者デネットの反論もあり、この立場ではクオリアは概念の設定自体に問題があることになる。[1] デネットと同様に意識を経験科学から取り上げる実験心理学の立場からクオリア的な経験を見てみると、心理学では長年にわたりクオリアの相互主観性を目指した探究が行われてきたし、それを評価する試みも行われてきた。哲学者にとって、クオリアは設定不良問題であっても、実験心理学者には、必ずしも設定の悪い問題ではなかったといえる。

1-2 意識の主観性

では、実験心理学は主観性をどう扱ったのであろうか？ 実験心理学では19世紀末、ドイツのライプチヒ大学の哲学者でもあり物理学者でもあったフェヒナーが主観的な感覚量を計量化する心理物理学的方法を考え出し、刺激強度が倍になっても感覚量は倍になるわけではなく、刺激の対数量に応じて変わるというフェヒナーの対数法則を見出している。これによって、感覚という主観的意識を数式で表現し、その量的非線形性を示し、感覚（意識）と身体（脳）の世界に架橋するための心理物理学（psycho-physics）が生まれ、科学的心理学の基礎がつくられた。主観的という表現は、感じ方や判断が客観的な認識とずれをもつことをいう。主観的意識が物理世界と判断のずれをもつわかりやすい例は錯視だ。人間は錯視という、客観の世界とずれた視覚的意識をもつことが知られている。空間と運動について2つの例を示そう。図1-1の机の錯視（左）では、2つの机（天板）は同じ物理的大きさにもか

[1] Dennett (2005)

かわらず、異なる大きさに見える。

また、仮現運動という運動錯視では、2つの光点があって、両者を10分の1秒以下の時間間隔で交互に「点滅」させると、1つの光点が相互に行き来する運動を観察することができる。広告塔などでよく目にする運動錯視である。光点は物理的に点滅しているだけで、動いているわけではないのに動いているように見えるのは、主観的な心に特有の現象である。

なぜ意識は机の大きさや運動の錯視を生みだすのか？　いろいろな考え方はあるが、ひとつの答えは、机の錯視の場合は、机の見える斜め方向の角度や奥行きを手がかりに、脳が大きさを無意識に計算し、構成的に知覚しているからだという解釈がある。遠近感のある風景画を見たとき、2次元の風景画に見かけの3次元の奥行きを感じるが、同じ大きさならば、遠くの人物が近くの人物より大きく見えるのと同じ原理だ。図のような机錯視では、直観的には同じ大きさの机には見えないが、定規で実際に測定すれば、実は同じ大きさであることがわかる。

運動錯視の場合は、1つの光点が移動しているという、やはり構成論的解釈をとることである。この解釈は脳の側頭葉にある運動にかかわる視覚野のひとつである中側頭野（Middle temporal gyrus：MT）が活動を高めるという実験にも裏づけされている。ちなみにMT野は、実際に動いている刺激を見たときに活動する。これは、仮現運動という錯視現象が脳の働きとかかわるひとつの例だ。錯視という主観的な現象も、それを生む脳のメカニズムをもつことになる。以上から、錯視を生みだす視覚的意識は手がかりが示唆されると視覚世界を

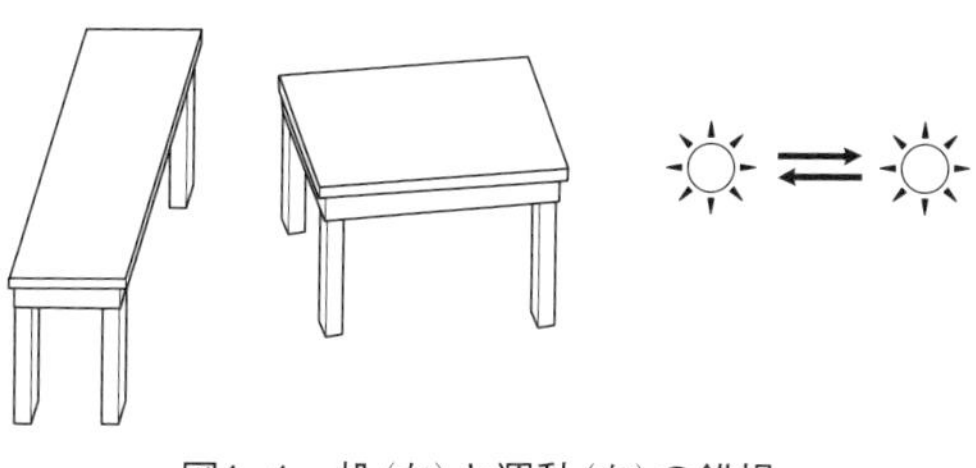

図1-1　机（左）と運動（右）の錯視

自ら創発するシステムの性質をもっているといえるだろう。創発とは、部分の総和では予測できない特徴が現れることだ。しかしその脳内メカニズムはまだ未解明だ。

ノーベル経済学賞を受賞した心理学者であるダニエル・カーネマンは、その著書『ファスト&スロー[2]』で、意思決定において、自動的に無意識に働くシステム1（S1）と論理的で意識的に働くシステム2（S2）と呼ばれる2つの判断メカニズムを想定することで、人間の判断には固有のバイアスがかかることを示している。S1は素早く（ファスト）無意識的な直観を生みだす。一方S2は時間がかかるが（スロー）、慎重で論理的かつ意識的である。さらにS2はS1を監視する役割をもち、このことが錯視の原因のひとつだと考えられる。古くはヘルムホルツも、意識的レベルが気づくことが困難な無意識的推論があると述べている。認知にも無意識なあわて者のシステムと、意識的で慎重なシステムという二重システムがあるようだ。脳の進化のプロセスで環境への素早い適応とS1がかかわるという考えもある。この解明が脳と意識のかかわりを解くにあたって大切だ。S1は不安などの感情的刺激に対する大脳辺縁系（扁桃体など）の素早い反応に、S2は論理的判断に対する前頭前野の働きに関与する場合が多いと推定される。カーネマンのモデルは、行動経済学や本書で社会脳研究の推進軸のひとつとしてあげている神経経済学にも、大きな影響を与えた。

[2] Kahneman (2011)

1-3　意識とは

上記のような錯視は、視覚的な意識の重要な研究対象であるが、もっと奥深い意識について考えてみよう。道路に倒れている人を見て、あの人は意識がない、というとき、これは話しかけたり、体を揺さぶったりして何らかの応答がない場合に推定される他者の心の状態だ。意思疎通のできない、いわゆる植物状態の心もこれに入るだろう。しかし実際、意識をあるなしの二分法で分けるのは難しい。たとえば、最近のデータによると植物状態には至らないでも、他者の声を聞き取ることはできる（応答できないが）といった、気づきの意識が残っているミニマム意識状態（minimal conscious state：ＭＣＳ）があるという。[3] 応答がないからといって、意識がないとは限らないのだ。意識があることの定義は生きていることの認知的・行動的エビデンスがあることを必要条件としているが、この場合、声をあげるという応答はできないものの、脳は応答しているのだ。

さて、自分の意識について見てみると、私が今やっていることが自分でわかっているという意味で、私は意識をもっている。これは苧阪によれば、自身の心の状態をリカーシブ（再帰的：recursive）にモニターできていることである。[4] 自分の行動や思考そのものを対象化してモニターする心の働きをメタ認知（meta cognition）といい、意識そのものを意識する場合はリカーシブな意識とかメタ意識などと呼ぶ。これは意識が一定の制約条件のもとでメタ表

［3］Cruse & Owen (2010)

［4］苧阪 (2006)

象能力をもつことを示しており、前頭葉がその機能の一部を担っている。リカーシブな意識というのは、現在の心の状態に向けられた、もうひとつの心の状態ともいえる。認知科学者のミンスキーは現在の意識の状態を正確に把握することが難しいのは、自分の意識の状態をモニターすること自体がその状態そのものを変えてしまうためだという。これは、ある目的のため、一時的な情報の保持と操作を担う「心の作業台」の機能をもつワーキングメモリ[5]（working memory）の容量が有限、つまり制約をもつこととかかわるようだ。機能主義的にいえば、ここには一種の入れ子（ロシア人形のような入れ子状のネスティング）機能を考えることになり、情報処理や視点の多重的構造化がこれによって可能となるが、一方では、入れ子には厳しい容量制約があるので、構造化の次数は制約されると思われる。他方、再帰性によって小部分を入れ子にして上位の大きな概念を作り出し、それを一部にしてさらに別の構造部分に取り込むというような認識の仕組みが可能となるメリットもある。

さて、実際の意識の働きの特徴は、多様な心の状態から1つの状態に注意を向けることにある。1つの心の状態に焦点を絞ることは、他の認識の仕方を一時的に抑制することであり、脳の働きの重要性はこの抑制にある。たとえば、注意を集中するという日常的な心の働きも、現在の目標の実現のため、当面不必要な情報を抑えておくことにある。そうしなければ、次々と眼前に現れる事柄に注意を奪われ、今自分が何を目標に動いているのかがわからなくなってしまう。目標志向的な意識の役割もまた認知的な抑制にあり、抑制により目標がより明確に見通せるようになってくる。この抑制には前頭前野（prefrontal cortex：ＰＦＣ）

[5] ワーキングメモリ：短い時間の間に心の中で情報を保持し、同時に処理（操作）する心的能力。会話や暗算など多くの日常生活や学習を担う重要な能力で作業記憶や作動記憶と呼ぶこともある。

のワーキングメモリともかかわる実行系（executive system）がその主要な役割を担っている。実行系は認知的制御系とも呼ばれ、抑制のほかに情報のアップデート、焦点化された注意の転換、予測やプランニングなどの機能をもつ[6]（詳しくは第Ⅱ部参照）。

ここで、意識の入り口についてひとつの例を見てみたい。外界からの刺激に応じて、五感がまとまって1つの感覚的意識に束ねられるプロセスを意識に当てはめてみることができる。たとえばコーヒーを味わうとき、視覚では濃い茶色、嗅覚ではその香りが、味覚では苦い味わいが融合してコーヒーとして意識される。これは、白色光が、7色が合成されてできること、あるいは白色が虹のスペクトルに分解できることに似ている。感覚的意識からさらに高次な意識まで拡張すると、この比喩で意識の多様な働きがうまく説明できる（図1－2参照）。

白色光という意識を多彩な色に分解してゆくと、5感からはじまり、やがてそこには自己や他者が姿を現し、次いで社会が姿を現すことになる。ここに融合的意識として社会意識や文化を映し出し、さらに個人差を反映した意識が見えてくる。混色原理によって、さまざまな色合いをもつ社会的、文化的、あるいは認知的意識が創られる。意識のプロトタイプを形づくる潜在的意識として、最近見出されて注目を浴びている、安静時ネットワーク（resting state network：RSN）（第Ⅱ部で述べる）についても、この分光の比喩が適用できよう。

[6] Osaka et al. (2007)

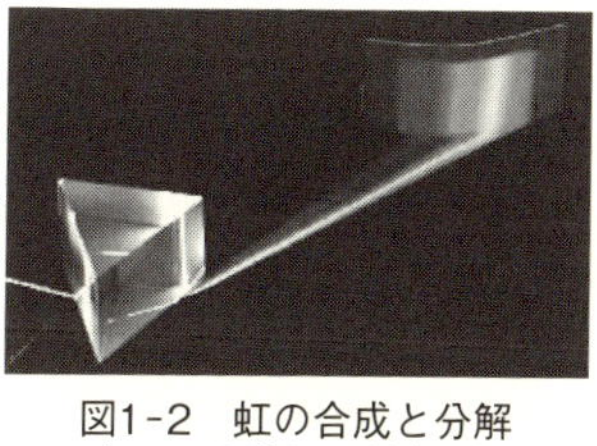

図1-2　虹の合成と分解
（カラー図版は口絵参照）

1-4 NCC問題

では、一歩進めて、脳と意識はどのように結びつくのかを考えよう。社会は自己と他者からなるが、別の言い方では、一人称と三人称の世界からなるともいえる。fMRIなどのブレインイメージングの方法で、他者の認識や行動とそれに伴う脳内過程を観察する場合、これは三人称の立場からのデータであり、意識を科学的に研究する標準的手法だ。クオリア問題でも触れた米国の哲学者チャルマースは、主観的経験を含む一人称のデータを標準的な手法で観察することは難しいと考え、これをハードプロブレムと呼んだが、デネットはこれについても疑問を呈する。では、意識を科学的に調べるにはどうしたらよいのか? その方法のひとつは、特定の意識(たとえば視覚など)を担う脳のひとまとまりの最小の活動を観察することで、意識の神経相関(neural correlates of consciousness:NCC)を調べることだ。特定の意識が特定の脳の領域の活動とNCCをもつかどうかを調べるのだ。このアイデアはある意識経験の状態が脳全体の活動というより、特定の脳のまとまった領域やネットワークと直接にかかわると想定する。たとえば、視覚的意識を例にあげてみよう。ドイツの神経科学者ロゴセティスらは、サルの左右の眼に水平と垂直の縞模様を提示して、どちらが見えるかをレバー押しで反応させるというユニークな両眼視野闘争の実験を行った。この実験で、視覚意識のNCCを調べたところ、初期の一次視覚領域(後頭葉のV1)より、高次の領域に位置する側頭葉の下部領域（ＩＴ）と強く相関することを見出した[7]。驚くべきは、視覚意識にＶ１は必須と思われたが、その活動は必要だがＮＣＣは必ずしも高くないという発見だ。この発見に先立って、Ｖ１から頭頂葉に伸びる２つの視覚経路である腹側と背側経路のうち、対象の認知を担う腹側経路のみが視覚意識とＮＣＣをもち、背側経路は必ずしももたないこともわかってきた[8]（ちなみに、ＩＴは腹側経路に属する）。このように、ＮＣＣアプローチが意識研究の攻略に有効であることがわかってきた。ＮＣＣは特定の意識と対応する脳領域があることを示している。そしてこの領域が、領域を超えた大規模ネットワークを支えるハブネットワークとなるのだ（第Ⅱ部参照）。そのネットワークの結びつきによって意識を考える研究者もいる。たとえば、意識を、皮質から視床複合体にわたる広域にわたって、さまざまな情報を結びつける統合の程度（ϕ）によって評価するトノーニの情報統合仮説[9]や、専門化したモジュールが、情報を結びつける脳内のアクティブな作業空間にアクセスすることで意識が生じると想定するグローバルワークスペース仮説[10]などが提案されているが、ＮＣＣとのかかわりはこれからの課題となっている。

[7] Logothetis et al. (2003)

[8] Milner & Goodale (1995)

[9] Tononi et al. (1998)

[10] Baars (1997), Dehaene (2014)

1－5　意識の階層

われわれにとって自明である意識が実際にどのように働くのかについては、残念ながらまだ解明されていない。ここで、少し意識の全体的な仕組みについて見てみたい。意識については、これを論じる人の数だけ理論があるといわれる。そこで、ここでは意識は相互につながりのある、3つの階層をもつ機能として捉えてみたい（図1－3参照）。

基盤である第1層にあるのはドーパミンやセロトニンなどの神経伝達物質が担い、覚醒水準を決める生物的な意識の層だ。ここでは主として深部の脳にある脳幹の毛様体賦活系や視床の髄板内核群がその役割を担う。第2層はアウェアネス（気づき）に導かれる意識であり、注意による情報の選択と統合が行われ、主として新皮質がその役割を担う。この階層は注意に導かれる中間的意識の階層であり、知覚意識とともに外界への適応行動を生みだす運動的意識も含めると、知覚・運動的意識といえる。そのNCCは、脳の初期感覚や運動にかかわる領域と注意の制御にかかわる頭頂領域にあるようだ。この中間的意識の階層は外界の認識と動的適応行動を担う認知的意識ということになり、先に述べた錯視もこの階層の意識だ。痛みや空腹などの自己受容感覚を介した身体的なフィードバックによる意識も含まれと考えていいだろう。さらに、リハビリ中の患者がフィードバック訓練によって、再び歩けるように運動意識が回復するようなことも含まれよう。ワーキングメモリの関与からいえば、この層は知覚・運動的ワーキングメモリが、第3層はリカーシブな意識を担う社会性ワーキングメモリがそれぞれ担うと思われる。第3層では、認知的制御を司る内外側前頭前野（LPFCやMPFC）がNCCを担うと考えられている（苧阪 1996）。側頭

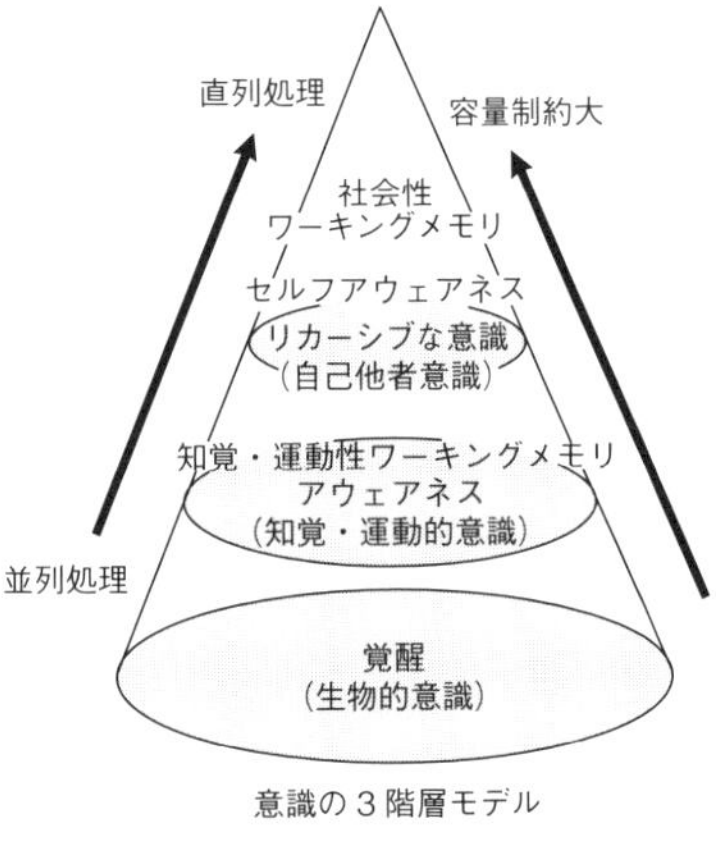

図1-3　意識の3階層（苧阪, 1996）

諸領域と注意の制御にかかわる頭頂領域は第2層と第3層にわたってそれぞれ外的および内的な注意を担い、そのNCCを担うと考えられる。加えて、第3層には自己（self）や他者（others）についての意識をリカーシブに形成する社会的意識の階層が考えられる。この階層の意識は自己と他者のかかわりも担い、自己と他者のダイナミックスを生む社会脳の基盤と考えられる。第3層では、メンタライジング（mentalizing）（心の理論（theory of mind：ToM）やマインドリーディング（mindreading）ともいう）と呼ばれる他者の心を想像する心的能力が現れる。これによって、自他の信念や意図の帰属を考えることになるが、その実行には前頭前野内側領域（MPFC）、側頭頭頂接合領域（TPJ）、前部帯状皮質（ACC）や島皮質（IC）の成熟が必要となる（脳の領域名の略称については、巻末表参照）。第2層の知覚・運動的意識での、身体の自己操作感や自己保持感に基づく身体的自己からのフィードバック情報から、第3層で統合された心的自己が形成されるようだ。

では、他者の心を推定するメンタライジングとは、どのような心的能力なのであろうか？まず、発達的に見ると、メンタライジングが可能になる5歳児くらいになると、他者が自分とは違うやり方で事柄を理解していることもわかるようになり、他者の心や意図を想像することができるようになる。[11] 他者の心を想像できることは、社会的な意識の形成の基礎的能力なのだ。この能力に問題があるとされる自閉症スペクトラム症（ASD）については、第Ⅱ部で詳しく述べる。このように、覚醒からアウェアネスに導かれて、認知的意識のもととなる知覚運動的意識が創出され、さらに自己と他者を巡るメタ認知に基づく社会的意識が導か

[11] 苧阪 (2014a)

れると考えると、認知と社会にかかわる意識を階層的な視野から捉えることができる。第3層の意識は第2層の意識と相互作用し、ヒトにのみ固有の意識を生んでおり、両層の再帰的作用がメタ認知や認知的モニタリングの発達的な起源となっている可能性もある。それぞれの階層で一時的記憶であるワーキングメモリが働くが、これは現在と近未来の環境への接続に必須の心的機能だ。

さて、意識を支える生きた記憶について見てみよう。意識を考えるには、意識を何か実体のような存在として捉えるより、ダイナミックな記憶、たとえばワーキングメモリが紡ぎだす流動的な認知的意識と社会的意識の相互作用のプロセスとして捉えるほうが適切だろう。米国の心理学の父と呼ばれ、名著『心理学の原理』を著したウィリアム・ジェームスも、意識はプロセスであると述べている。ジェームスはまた、記憶には一次記憶と二次記憶があると考え、それぞれ短期および長期の記憶に対応すると考えた。一次記憶は一時的な記憶、二次記憶は過去の経験や出来事の長期の記憶で、現在の短期記憶や長期記憶にあたると考えられる。短期記憶に目標志向的な情報の操作を含めると、これはワーキングメモリとなる。その意味で、ワーキングメモリはヒトの現在の意識の重要な担い手であるし、ワーキングメモリという生きた記憶を担う脳の仕組みの解明が意識の解明のキー概念となる。[12] そして、現代の先端的脳科学は記憶のプロセスの解明に一歩一歩近づいているのだ。

［12］Minamoto et al. (2017)

2章　脳の小宇宙

2−1　1・5リットルの脳の小宇宙

さらに意識を生みだす脳の世界に歩みを進めてみたい。脳というわずか1・5リットルの小宇宙には、銀河系の星の数に匹敵するおよそ一千億の膨大な数の神経細胞（ニューロン）がネットワークを形成し、さらにニューロンはそこから出るシナプスを介して百兆ともいわれる相互接続をもつ。大脳皮質一立方ミリには10億ものシナプスがあるという。複雑に重なり合ったニューロンのネットワークは、相互に抑制あるいは協調し合いながら、人間に固有な認知的、あるいは社会的意識を形成し、適応的な行動を生みだしている。特に人間は音声とその意味をつなぐ言葉を編みだし、言葉は内在化して認知を操作する論理的思考、メンタライゼーション（他者の心の想像）や自己への気づきを導き、外在化して他者との社会的コミュニケーションを可能にした。思考は新たな環境への適応や自己認知に導き、コミュニケーションは自他の理解へと導く。これを媒介として、自他の社会的結びつきが生まれ、インタラクションを通して相互理解が可能となる。

2－2　社会脳と認知脳

このように、1・5リットルの脳の小宇宙は外界の知覚から、自己や他者を含む複雑な社会のメタ認知までを担う適応の仕組みを獲得した。同時に脳は、その誕生から死まで生命活動を持続的に維持し、自然や社会の環境にフレキシブルに適応する意識を持続させる大切な器官だ。誕生後、数時間で乳児は五感を働かせて周囲の環境を知覚できるようになり、成長して5歳前後で見えない人の心を想像することができ、さらに社会という環境で、そこに適応するための意識を育み、未来を予測できるようになる。その背景には、誕生当初は未熟であった前頭葉を中心とする脳が、その後成長するにつれて加速度的に成熟し、素早く適応的に作動するようになることがある。しかし、処理のプロセスの多くは注意によって遂行されることが多い。

さて、本書では脳の活動を大きく、社会脳（social brain）と認知脳（cognitive brain）の活動に分けて考えてみたい。そして、社会脳と認知脳が図2－1のシーソーのように働くと見立ててみる。両者は限られた注意の資源というリソースを無駄にせず、その成果を最適化するように働くと想定する。たとえば、認知脳がリソースを70％使って仕事をすると社会脳は残りの30％を消費する、といった具合だ。注意の配分の実行制御は前頭前野と頭頂葉のネットワークが行っている。認知脳の制御系が心的状態の保持と操作までを広く担うと考え、社会脳を社会性ワーキングメモリ（social working memory）と呼ぶ立場もある[1]。本書は２部に分かれ、第Ⅰ部では序論で、脳と心のかかわりの歴史を見ながら社会脳と認知脳という２つのアプローチのうち社会脳を中心に考える。そして、第Ⅱ部では認知脳を中心に、両アプローチからの比較を通して、その最近の展開と発展をみたい。

脳の高次機能には社会の仕組みの中で、さまざまな問題の解決に向けて働く認知脳の仕組みと、社会の中で自分をうまく折り合わせをつけながら適応させてゆく社会脳の仕組みが共存している。むろん、２つの脳の働きが、どこまでが社会的で、どこからが認知的かを分けることは難しく、並行的にあるいは協調的に働く場合もある。自己を知り、他者の心を想像する社会的な脳の仕組みは、自分や他者を軸として働く社会脳であり、当面の課題の論理的解決に向けて働くのが認知脳だ。つまり、われわれの日常生活は、自分や他者、さらに社会についてゆっくりと思いを巡らせる社会脳と、目前の問題の解決を目指す認知脳がスイッチングしながら働いていると考えられるのだ。たとえば、友人関係に思いを巡すのは主として社会脳であり、スーパーで買い物リストを見ながら同時に暗算で支払い合計の計算をするのは認知脳だ。社会脳と認知脳は互いに拮抗して、あるいは協調して働くことで、われわれの毎日は無事に過ぎてゆく。社会脳と認知脳のシーソーのバランスの取り方によって認知や行動、さらに性格の個人差が生まれてくるのかもしれない。

さて、複雑な社会の一員として健全な社会生活を営むには、他者の心や意図を理解し、共に喜んだり悲しんだりする共感（sympathy）が必要だ。哲学者デネットは、共感は他者の意

[1] Meyer & Lieberman (2012)

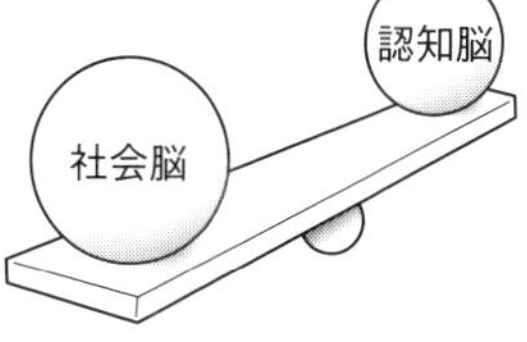

図2-1　社会脳と認知脳のシーソーモデル

図の理解も助けるといっている。共感が社会性の基礎となると考えると、社会性はどのように生まれ、またそれはどのような脳内の仕組みをもつのであろうか？　共感は他者の理解と共に、仲間と協力して共通の目標を達成する場合にも必要だ。社会性がどのように育まれるのかについては、サルについての面白い報告がある。生後、孤立して育てられたサルは、集団で育てられたサルより社会適応性が低いことが知られている。孤立して育てられたサルは、仲間との協調も競争も不得手になるのである。これは人間の子どもにも当てはまる。いじめや仲間はずれも社会適応にネガティブな影響を与えることが多い。サルの脳活動から仲間のサルの共感能力を見たわけではないが、社会適応性がかかわることは明らかだ。

社会脳は、認知脳と同様に、外部から観察できる行動（たとえば視線の移動など）を理解の手がかりとするほか、外からは見えない意図や信念をも脳の活動を通して捉えようとする点でユニークだ。文化、道徳やさらに宗教の起源にも迫ることも目標としているため、人文社会科学との融合研究が必要だ。そして、社会脳の進化は、人類進化の歴史から見ても重要だ。というのも、社会的な結びつきを強めるには自己を知り、他者の心を情動的に理解することがその第一歩となるからだ。

さて、脳科学は理系の学問というのが相場であったが、これから述べる社会脳科学（social brain science：略して社会脳（social brain））は文理融合型であり、実験心理学を中核とした、人文社会科学と脳科学や情報学の研究パラダイムを相互乗り入れさせて、脳と社会とのかかわりの研究に新たなルネサンスの時代——生物脳から社会脳へのコペルニクス的転回――をもたらす革新的な新学術分野だ。日本学術会議が提案するこれからの学術研究についての提案書のひとつにも「融合的社会脳研究の創生と展望」[2]がある。これは学術会議の分科会のひとつである「脳と意識」分科会（委員長・苧阪直行）が新たな学問の分野として提案したもので、本書の内容とも深くかかわっている。[3]

なぜ、融合的な社会脳の研究に、このような期待がもたれるようになってきたのであろうか？　今までは、社会とかかわるいろいろな現象、たとえば対人関係から広くは文化、宗教や道徳などの社会的意識を脳から見るという発想がなかった。そして脳の働きから人々をつなぐ社会脳のメカニズムを考えてゆこうという冒険は誰も考えなかった。さらに、文化、宗教や道徳を見ることは、脳科学者にとって興味はあっても乗り越えられない、大きな、そして人文社会科学の高い壁であった。その壁を乗り越えられそうな最新の科学技術の発展が、学際融合的な社会脳の研究を生みだしたのである。[4]先端的な人文社会科学と脳科学や情報学が出会う交差点に社会脳科学が生まれ、生まれたばかりのこのフィールドに前頭葉の脳科学、計算論的神経科学、人工知能（ＡＩ）や社会ロボット工学が加わって、革命的な融合社会脳の研究が開始されている。[5]融合社会脳の分野は、健全な社会性を育み維持する脳のメカニズムを明らかにすることで、「人間この未知なるもの」の解明に大きな貢献をしつつあるのだ。

社会脳にはさまざまな働きがある。他者と共感する脳、報酬を期待する脳、さらに美しさを感じる脳、駆け引きする脳、嘘をつく脳、自己や他者を知る脳など、これらはいずれも社

[2] 日本学術会議 (2017)
[3] http://www.scj.go.jp/ja/info/kohyo/pdf/kohyo-23-t249-6.pdf
[4] 苧阪 (2012-2015)
[5] 苧阪 (2015)

会脳の興味ある探検領域である。予測、注意のシフティング、情報の更新や抑制など注意の制御の働きを研究する認知脳の代表である前頭葉のワーキングメモリは頭頂葉などと、ワーキングメモリネットワーク（working memory network：WMN）を形づくるが、その研究もその脳内基盤において社会脳と密接にかかわっている。さらに最近研究が活発になり第Ⅱ部でも取り上げる、社会脳の代表ともいえるデフォルトモードネットワーク（default mode netwok：DMN）も、これらの一部と重なる働きをもつことがわかってきた。ここでも社会的存在としての脳についての根源的な問いに答えるべく新分野が拓かれつつある。WMNとDMNを一対のシーソー型ネットワークと考えると（図2-1）、DMNは心を内に向けて自他の社会的かかわりを想像し、WMNは心を外に向けて課題解決をしている状態にあるとも考えられる。このような考えはどのようにして生まれてきたのであろうか？ワーキングメモリの研究は１９７５年頃から、デフォールトモードの研究は１９９１年頃から現れ始め、研究論文は、現在では、それぞれ５０００件と１１００件程度に増加してい

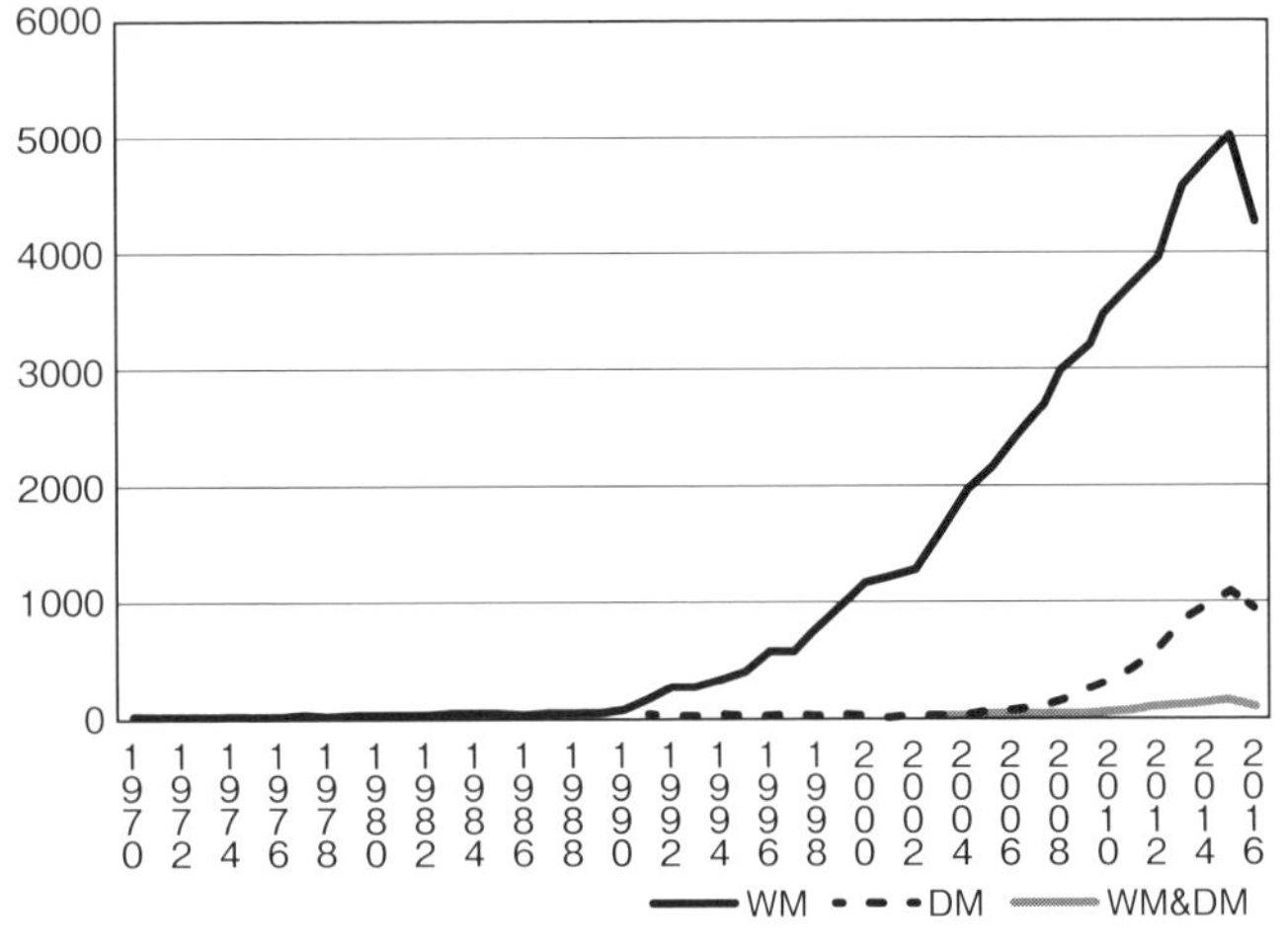

図2-2　認知脳と社会脳

（Thomson Reuter, Web of Science よりキーワードによって検索）

ワーキングメモリ（WM：認知脳）、デフォールトモード（DM：社会脳）の研究論文数の推移と、両者の関連性を探る論文数の年代推移。

る。興味あることは、２００３年頃から両者の接続を探る論文が多くなっていることで、認知脳と社会脳を対比させる見方がでてきているようだ（図２－２参照）。

次に、具体的な社会脳の話題に入る前に、脳と心のかかわりがどのような科学的方法で研究されてきたかをざっと見てみたい。

3章　脳の構造と機能

3－1　脳の地図

これまで、脳の諸領域について固有の名称を使ってきたが、ここで脳の地図を見る必要が出てきた。ここでは、脳の構造と機能を見てゆきたい。脳の科学的研究のためには、まず脳の地図作りが必要である。ここでは2種類の脳の地図を紹介する。日本の国土が山や谷のある地形図で表されるように、脳の地形図もやはり、いわゆる脳のしわを形づくる山や谷から形成される。脳は3次元の構造をもっているため、その特定の部位はxyzの3つの軸の座標で特定することができる。

人間の大脳は大きく分けて前頭葉、後頭葉、側頭葉、および頭頂葉の4つの葉からなる。その名のとおり、それぞれ頭部の前方、後方、側方および上方向に位置している。脳の地形のうち、隆起した山の部分は脳回（gyrus）、陥没した谷の部分は脳溝（sulcus）と呼ばれ、脳回と脳溝が連続して複雑な脳のしわの構造をつくり上げている。図3－1のように、脳を外側から見た場合（左半球の外側

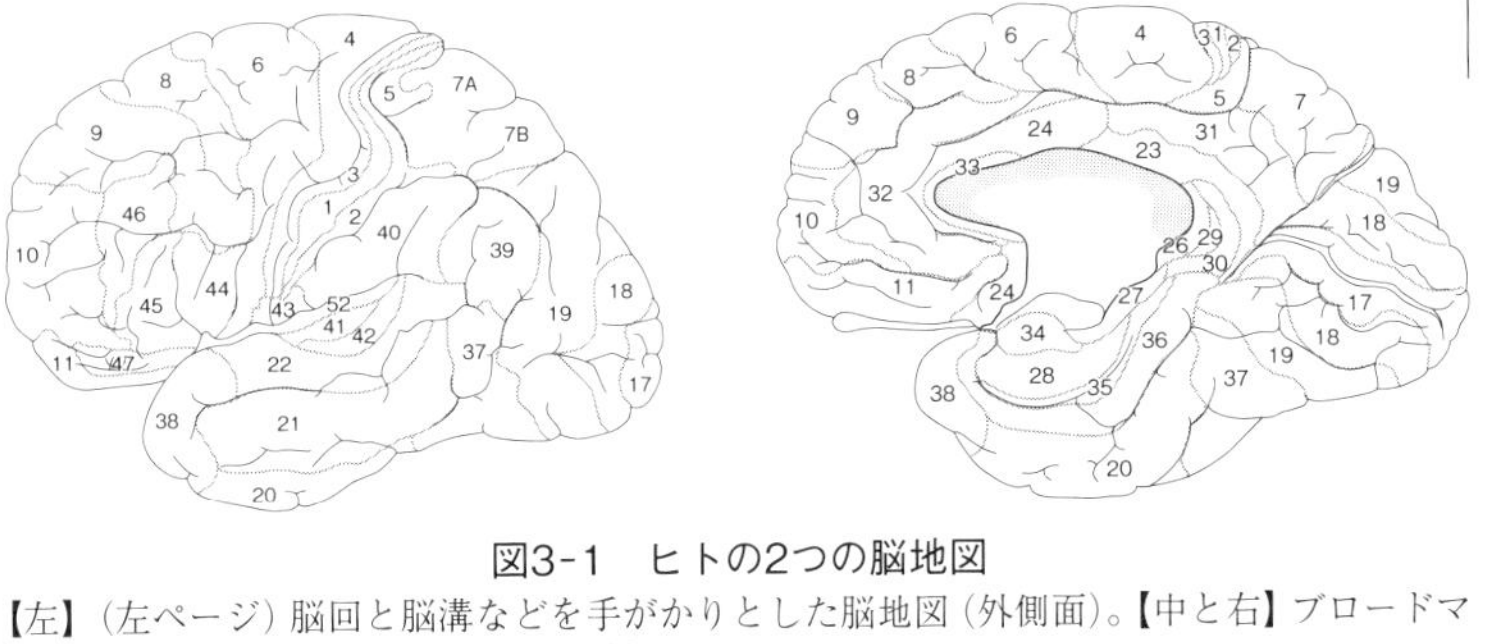

図3-1　ヒトの2つの脳地図

【左】（左ページ）脳回と脳溝などを手がかりとした脳地図（外側面）。【中と右】ブロードマンの脳地図（外側面（左）と内側面（右））

面）、前頭葉と頭頂葉の間には中心溝、側頭葉と頭頂葉の間にはシルヴィウス溝と呼ばれる大きな溝がある。脳回でその一例を示すと、前頭葉（外側面）や側頭葉はそれぞれ上中下の前頭回や側頭回からなり、頭頂葉は上下の頭頂小葉などに分けることができる。さらに身体の軸から前方・後方、内側・外側や腹側・背側などの向きを示すことでより詳細な地図をつくることができるが、多くの脳回と脳溝があるので複雑となる。そこで、地図上の主要な領域を示す方法として、連続する脳溝や脳回をまとめて、たとえば上前頭回（前頭葉の上部回）とか下側頭溝（側頭葉の下部溝）などと呼んでいる（他にも多くの領域名がある）。

　もうひとつの脳の地図として、ブロードマンの脳地図がある。これは、脳回や脳溝その他の手がかりを用いながら、それらの領域に固有の細胞構築学的類似性に配慮してドイツの神経学者ブロードマンがつくった地図であり、1から52までの番地がつけられている（この番号自体には特に意味はない）。たとえばブロードマンの46野は背外側前頭前野領域（dorsolateral prefrontal cortex：ＤＬＰＦＣ）に対応し、ＢＡ46などと呼ばれる（ＢＡはブロードマンエリアの意味）。脳の活動領域がタライラッハ（Talailach）の座標軸[1]で特定できれば、対応するＢＡ領域を決めることができる。また、脳の形状には個人差や年齢差があるので、標準化された座標軸が用いられる。もっと新しい地図では、脳を116の領域まで拡張したＡＡＬ（automatic anatomical labeling）や、さらに詳細な領域間の機能的つながりも考慮した〝究極の脳地図[2]〟（A multi-modal parcellation of human cerebral cortex;

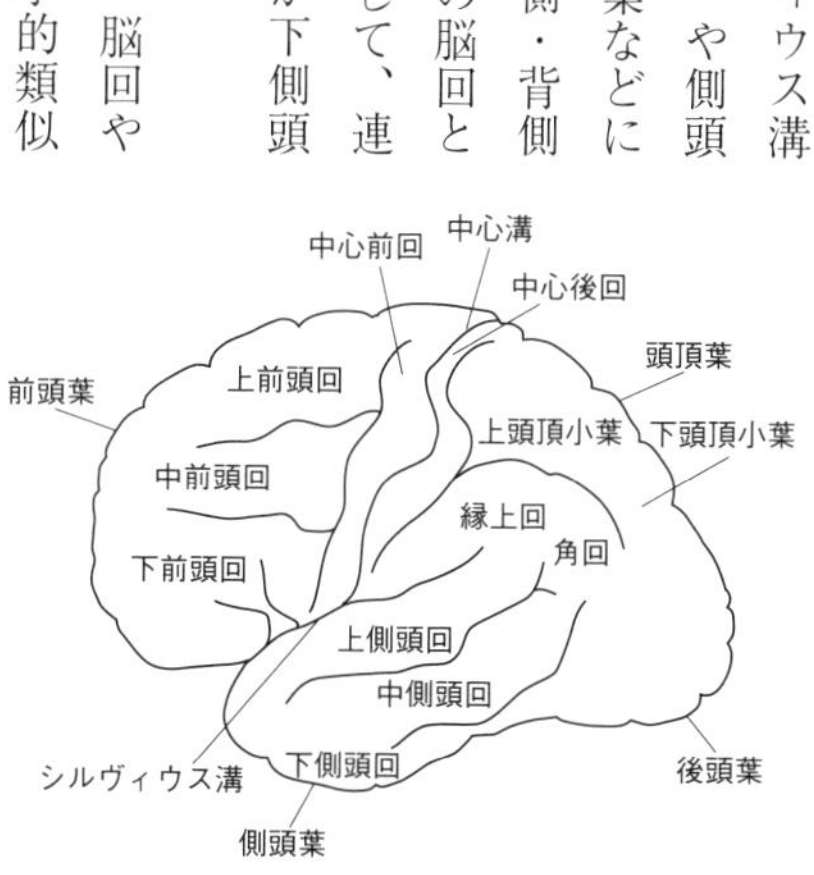

[1] タライラッハ（Talailach）の座標軸：フランスの神経外科医タライラッハが開発した脳の構造を個人差に依存することなく表示する座標系。基準となる脳の位置（前交連と後交連）を決めることで、ＭＲＩなどで得られた個人の脳画像を標準タライラッハ空間に変換することができる。モントリオール神経学研究所のＭＮＩアトラスの基礎となっている。

the ultimate brain map : nature.video）が提案されている。同じ Nature.video の "the brain dictionary" も、脳の複雑な機能と構造を理解する手助けとなる[3]。

大脳は左右の半球に分けられ、脳梁などの神経束で結ばれている。したがって脳の地図ではその領域が左右いずれの半球のものかを確かめる必要がある。幸いなことに回や溝はほぼ左右で対称であるので、脳の地図の名称はどちらでも使える。ただし、認知処理では、多くの人で左半球が言語を主として処理する半球であることや、空間や自己にかかわる認知などは主として右半球がかかわることが多いことに注意しておく必要がある。さらに、一般的には左右の半球はその神経支配から、それぞれ身体の反対側の運動を支配している。たとえば、左半球の身体を制御している領域に障害があると、反対側の右半身に身体の障害が生じる。

さらに、左右半球とは別に、機能的な違いもある。脳の働きについては、NCCのアプローチ以前には、ある脳領域が特定の機能を担うという局在論と、脳は全体としてさまざまな働きを担うという全体論について論争が続けられてきた。たとえば、特に左の腹外側前頭前野（VLPFC）に対応する前頭葉下部に脳梗塞などにより障害が生じると発話に障害が起こったりすることから、この領域は発話を担う領域と考えられている。この領域は、現在ではブローカ野（BA44）と呼ばれ、発話とかかわることがわかっており、言語理解の領域とされるウェルニッケ野（BA22：シルヴィウス溝近傍の聴覚野を囲む領域）と連携することで会話が可能となることもわかっている（第Ⅱ部で説明する）。さらに、会話中に相手の話の内

[2] nature.video: Nature July 2016: doi:10.1038/nature18933

[3] 苧阪 (2010a)

容を操作し一時的に覚えておき、自己と他者をつなぐ役割を果たすのが、背外側前頭前野領域（BA46、9）などが担うワーキングメモリだ。[4] このような心的機能の一部が特定の脳領域で担われるという考えは、脳の機能局在といわれる。しかし、言語の認知というより広い視点からは、これらの領域が結ばれた広域ネットワークに基づく全体論的な解釈もできる。また27歳で難治性のてんかんの手術を受け、側頭葉内側領域に位置する両側の海馬を切除した患者HM（ヘンリー・モレゾン）は、重い健忘症が生じ、生涯にわたり新たな出来事の記憶を保持する機能を失った例として有名だが、[5] これも側頭葉内側にある海馬とその近接領域が一時的に入ってきた情報を保持する機能局在をもつための障害のひとつだといわれる。

[4] 苧阪 (2000)

[5] Scoville & Milner (1957)

3-2　脳の外側・内側面と皮質下

上で述べた脳の地図は外側面についてであるが、もうひとつ注意すべきは、脳には外側から観察できない内側面（図3-1）があることだ。脳では大まかにいって、外側面は主に認知脳に、内側面は主に社会脳の働きにかかわることが多い。たとえば、外側面では、認知脳の実行系にかかわることが多い背外側前頭前野、発話などにかかわる腹外側前頭前野（VLPFC：BA44、45、47）、内側面では、社会脳の自己意識や他者の心の想像などメンタライゼーション（心の理論）とかかわることが多い内側前頭前野（MPFC：BA9、10）などがある。また社会脳では、さまざまなメンタライジング課題でMPFCが活性化されることが報告されている[6]（図３－２）。

一方、情動や感情は新皮質の外側面でも内側面でもない皮質下の側頭葉内側の辺縁系（limbic system）に位置する扁桃体（amygdala）や、大脳基底核（basal ganglia）を形成する側坐核（Nucleus accumbens：ＮＡｃｃ）や線条体（striatum）で営まれることが多い。そして、不安や恐れとかかわる扁桃体、快感や報酬系とかかわる側坐核や線条体などの領域は、常に外側・内側面の前頭前野と互いに影響を及ぼし合っている。前部帯状皮質（anterior cingulate cortex：ＡＣＣ）（ＢＡ32、24、25に相当）もＭＰＦＣに近い位置にあるが、コンフリクト認知などではその背側部（ｄＡＣＣ）が、自他の社会認知にはその膝前部（ｐＡＣＣ）が、心的痛みや情動認知などには背側部を中心とした領域がかかわることが知られており、認知脳と社会脳の双方の働きに重要な役割を演じている[7]。コンフリクト事態とは、認知的葛藤課題や価値的に等価な２つの事象からいずれかの選択の意思決定を求められるような事態をいう。図３－３のように、心理学者ストループが考案したストループの不一致課題（色と色名の）（第Ⅱ部図10－４参照）を求めるコンフリクト課題では、ＤＬＰＦＣと共にＡＣＣが強く活動することが報告されている[8]。すでに述べたカーネマンも、Ｓ１の感情的判断が葛藤を引き起こす場合はＡＣＣがそれを検出し、前頭前野のＳ２の介入を導くと述べている。これについては第Ⅱ部で詳しく述べる。

さて、もうひとつ認知脳と社会脳の双方にかかわる重要な領域が島皮質（insular cortec：

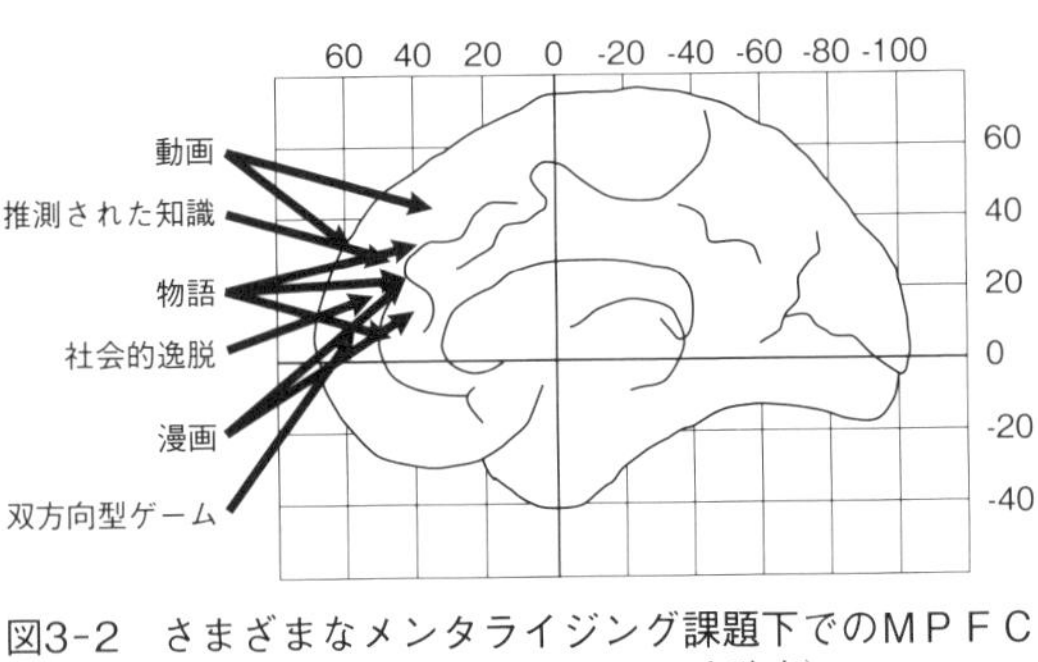

図3-2　さまざまなメンタライジング課題下でのＭＰＦＣの活動（Frith & Frith, 2003 を改変）

[6] Frith & Frith (2003)

[7] Botvinick et al. (1999); Bush et al. (2000)

[8] MacDonald et al. (2000)

ＩＣ：ＢＡ13－16）だ。シルヴィウス溝の奥、前頭葉、側頭葉、頭頂葉と基底核に挟まれた囲まれた部位にあり、特に右の前部島皮質（ａＩＣ）はＡＣＣと共に自己の社会的情動（自己意識）、痛み、共感や恥ずかしさなどの社会脳の働きに、後部は内臓や自己受容感覚などの認知脳とかかわり、ＩＣは身体と脳の状態を結びつけ、身体の自己保持や自己操作感などの自己感とも関係しているようだ。共感は他者の情動を自分でも感じ取る心的能力の情動版のメンタライジングだ。このうち、心理的痛みが共感とかかわることを神経科学者のシンガーが報告している。恋人同士のカップルでは、自分が痛みを感じているときも、痛みを経験している相手を見ているときも、ａＩＣやＡＣＣが活動することがｆＭＲＩの実験で報告されている。[9] 後で述べるように、小説を読むときや擬態語を用いた実験データとも符合するようだ。[10] 以上のように、ＡＣＣやＩＣは前頭葉などの奥にあり自己の身体意識と密接にかかわっている点、さらに内外側の前頭前野の働きとかかわる点でも注目すべき領域だ。[11] ちなみに、少し広い視野から見ると、内側前頭前野の代表であり、社会脳とかかわるデフォールトモードネットワーク（ＤＭＮ）と、外側前頭前野の代表である認知脳ネットワーク（ＷＭＮ）の切り替えを行っていると見られる顕著性ネットワーク（saliency network：第Ⅱ部参照）は、右のａＩＣとＡＣＣをベースにしているといわれる。話は変わるが、先進的なＩＴ企業では、ストレス低減に向けて、最近マインドフルネス（mindfulness）と呼ばれる瞑想訓練が行われているという。こ

［9］Singer et al. (2004)

［10］苧阪 (2014)

［11］Amodio et al. (2006)

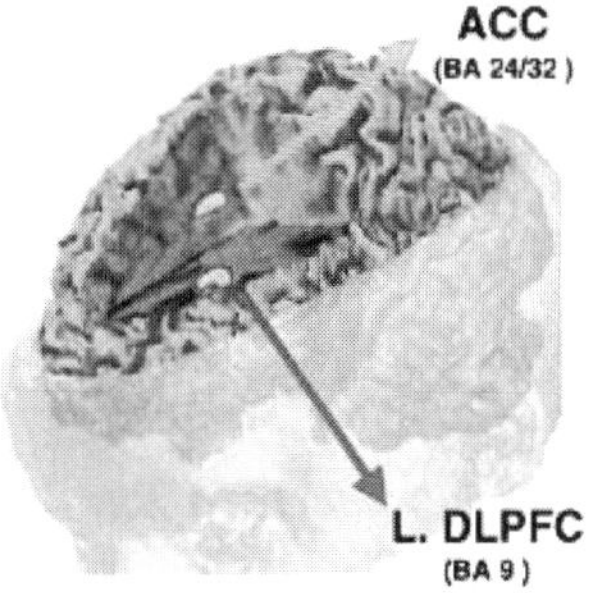

図3-3　ストループ課題のコンフリクト条件で活動したACC（BA24/32）
（MacDonald et al., 2000）
DLPFC（BA9）も同時に活動している（3次元表示に注意）（カラー図版は口絵参照）。

れは、現在の自分の心に注意を焦点化させる作業を呼吸という身体的リズムに同期させる訓練だ。マインドフルネスの原理のひとつである座禅も、脳科学的に認知脳と社会脳の双方の働きを調整するところにその働きがあるようだ。訓練中はＤＭＮが活性化し、自己への関心が高まるという[12]。

また、前部前頭前野（ＢＡ10）では、その外側部は注意やワーキングメモリといった認知的な機能に、内側部は自己や社会的な機能に対応しているとされる[13]。ここでも認知脳と社会脳がリソースシェアリング（一定の注意資源を双方がシェアするシーソーモデル）しているようだ。筆者にはカーネマンの制約されたリソースのもとで、Ｓ１（素早い無意識的な直観システム）をコントロールするＳ２（遅いが意識的熟慮システム）が拮抗する姿と似ているように思われる。認知的な感情バイアスの影響を受けやすいＳ１をＤＭＮに、そのバイアスの論理的適正化の役割をもつＳ２をＷＭＮになぞらえると面白い。

［12］Brewer et al. (2011)

［13］Amodio & Frith (2006); Burgess et al. (2007); Yaoi, Osaka & Osaka (2009)

4章　脳の探検

4－1　脳活動の観察

脳という不思議の宇宙を探検するには探索の道具が必要だ。脳の小宇宙を探索するには脳のハッブル望遠鏡が必要だが、その役割を担うのが、脳の活動を刻々と画像化して捉えるブレインイメージング装置という望遠鏡だ。代表的なイメージング装置として用いられるｆＭＲＩ（functional Magnetic Resonance Imaging：機能的磁気共鳴画像法）は脳を強力な磁場に置くことで、神経系を支える局所的な血流を検出し、間接的にニューロン集団やそのネットワークの活動を観察する。ブレインイメージング以前の脳研究は脳波（Electroencephalography：ＥＥＧ）、事象関連電位（Event Related Potential：ＥＲＰ）のような脳内の電気活動を観察する研究が中心であった。動物実験の場合、特にネズミのような動物では損傷を作ることも容易であるし、サルの脳内神経細胞に電極を刺したりすることでかなり精密なデータを取ることもできる。これは感覚系、運動系、さらに皮質下の領域が担う機能などを研究するには適しているが、言語、思考などの高次認知過程を研究するには動物では十分とはいえない。また、脳波や特に事象関連電位は頭皮の表面に置いて脳内の電気信号を記録するため、時間的な解像度に優れ、脳活動をミリ秒単位で測定することが可能だが、その反面空間的な解像度が低く、また記録した電気信号が脳内のどの領域の活動によるものかを特定することが難しいという問題をもつ。つまり脳の新皮質からの信号と深部脳からの信号を区別することが難しい。これらの方法に比べて、ｆＭＲＩより少し早く使われ始めたポジトロン断層法（Positron Emission Tomography：ＰＥＴ）は、脳内の血流の変化に基づいて脳活動を調べるのだが、空間的な解像度もある程度以上得られる（センチ単位の精度）。しかしＰＥＴは放射能マーカー（たとえば、酸素の放射性同位元素である^{15}Oなど）を体内に注入しなければならない。したがって放射性同位元素を作るのにサイクロトロンのような施設を必要とし、またそれを体内に注入するため、被験者は被爆することになる。被爆の程度はきわめて軽微なものであるとはいえ侵襲的だ。ＰＥＴに比べてｆＭＲＩは空間的な解像度に優れ（ミリ単位の精度）、被験者は磁場の中に横たわるだけで何も注射しないし、放射能被爆もない。そのため近年のブレインイメージングの研究においては専らｆＭＲＩが使用されるようになった。しかしｆＭＲＩも、血流の変化に基づく測定であるため時間的な解像度には限界があり、1秒以下の脳活動を正確に記録するのは難しいし、また被験者の頭の動きなどによる影響を受けやすいという問題も残る。

4-2　ブレインイメージングの方法

さて、具体的に脳の活動を測定する方法に移ろう。上で触れた、PET、fMRIや脳波などを用いた実験法でNCC問題は検討されてきた。MEG（Magnetoencephalography：脳磁図）もよく用いられる方法だ。これに加えて、fNIRS（functional Near-Infrared Spectroscopy：機能的近赤外分光法）も、実験心理学や認知心理学では一般的な方法として用いられることが多い（図4-1）。最も一般的な方法はfMRIを用いたブレインイメージングの方法だ。fMRIは核磁気共鳴という物理現象を用いて脳の機能や構造を探る方法である。

脳の活動を観察する方法としては、ニューロン集団の電気活動の反映を脳波などによって観察する方法と、脳血流を通して間接的に見る方法の、2つの観察法がある。

まず、一番目の方法である脳波について、少し歴史的に見てみる。ドイツの精神科医ベルガーは1929年にヒトの脳の電気活動に、アルファ波（8〜12Hz）など律動性のある波を発見し、彼はこの波を脳波と名づけたが、これが電気活動を通して脳を検討する道を開いた（第Ⅱ部参照）。これ以降、脳波は意識の観察の手段として長い間、重要な研究の手段となってきた。NCCを評価する最も良いインデックスは脳のニューロン集団の電気活動を脳の皮質から直接捉えることであるが、それは人間の場合、倫理的な理由から不可能である。

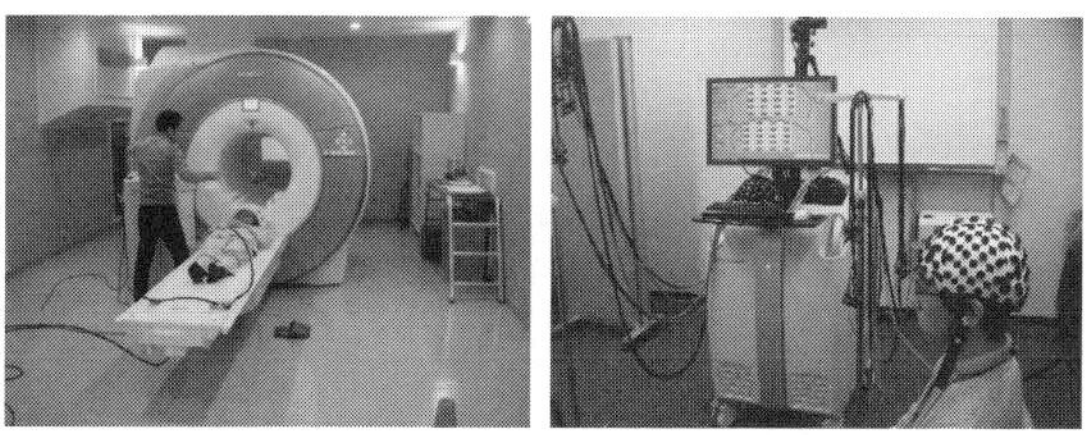

図4-1　fMRI（左）とfNIRS（右）に用いる装置の一例

4－3　fMRIによる脳内血流動態の観察

これに対して、脳のニューロン集合の活動を、それを支える血流によって間接的に捉える2番目の手立てとして、fMRI（やfNIRS）などの方法がある。脳が正常に働くには、その神経系を形成するニューロン群に酸素を供給する必要がある。ある神経系が活発に活動するとそこの血流も増加することを利用して脳血流で脳活動を見るのである。

fMRIは核磁気共鳴によって脳の血流動態を観測する。神経活動に伴う血流の増加は局所的に生じるが、その増加はゆっくりしており、5秒程度の時間的遅れが生じる。信号変化率がそれを示しており、刺激提示による神経活動の後に増加し、ゆるやかに減少することが知られ、血流動態反応関数と呼ばれる（図4－2参照）。

さて、ある課題を遂行中に脳のどの領域が活動しているかということの判定は、コントロール条件や安静時の活動レベルなどをベースラインとして、それと課題を行っている際の活動のレベルを統計的に比較することで行われてきた（図4－3）。もしある領域の活動のレベルがベースラインの活動のレベルよりも高ければ、その領域は活動していると判定される。ブレインイメージングの背景にある原理は「神経血流結合（neurovascular coupling）」であり、神経活動が活発になるとその脳領域の血流が上昇する、というものである。fMRI

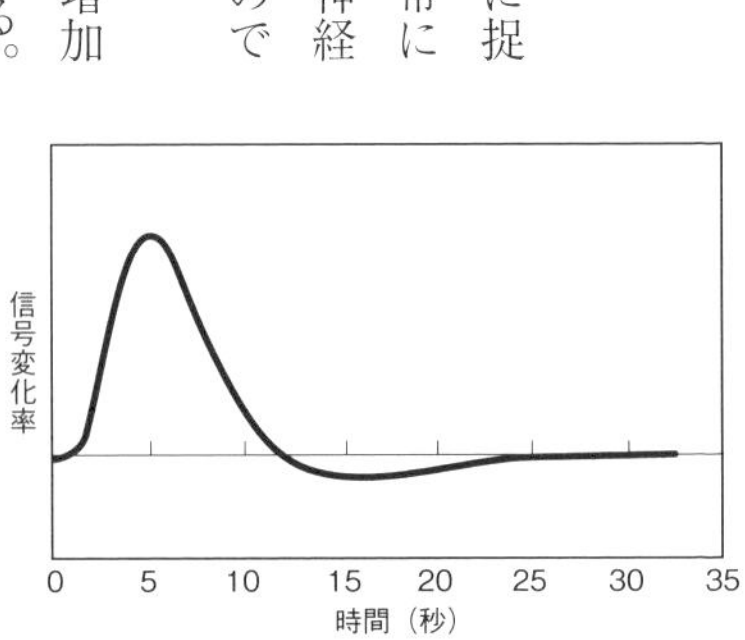

図4-2　血流動態反応関数の一例

においてはＢＯＬＤ（blood oxygen level dependent）という測度が用いられるが、ここでは、酸化ヘモグロビン（oxyhemoglobin）と脱酸化ヘモグロビン（deoxyhemoglobin）の磁性の違いに基づいて、血流の変化を測定している。酸化ヘモグロビンとは酸素を運んでいるヘモグロビンであり、脱酸化ヘモグロビンとは酸素を手放したヘモグロビンだ。ある領域において神経活動が活発になると、その領域の血流が増える。しかし血流量の変化に比べると酸素使用量の変化は遅い。したがって血流が上昇した段階では、安静時の酸化ヘモグロビンと脱酸化ヘモグロビンの比率に比べて、酸化ヘモグロビンの量が脱酸化ヘモグロビンの量を上回る。この違いが脳活動の違いとして示される（図４－３）。

ここで、ｆＭＲＩによって何がわかるのかを、苧阪らによる３つの脳画像化の具体例を通して見てみたい。たとえば明るい光刺激を提示する視知覚課題では、後頭葉の１次視覚野が賦活され（図４－４Ａ）、特定の単語を保持しながら文を理解するワーキングメモリ課題では前頭葉の認知的制御にかかわる背外側前頭前野（ＤＬＰＦＣ）や前部帯状皮質（ＡＣＣ）が（図Ｂ）、さらに、自己や他者について

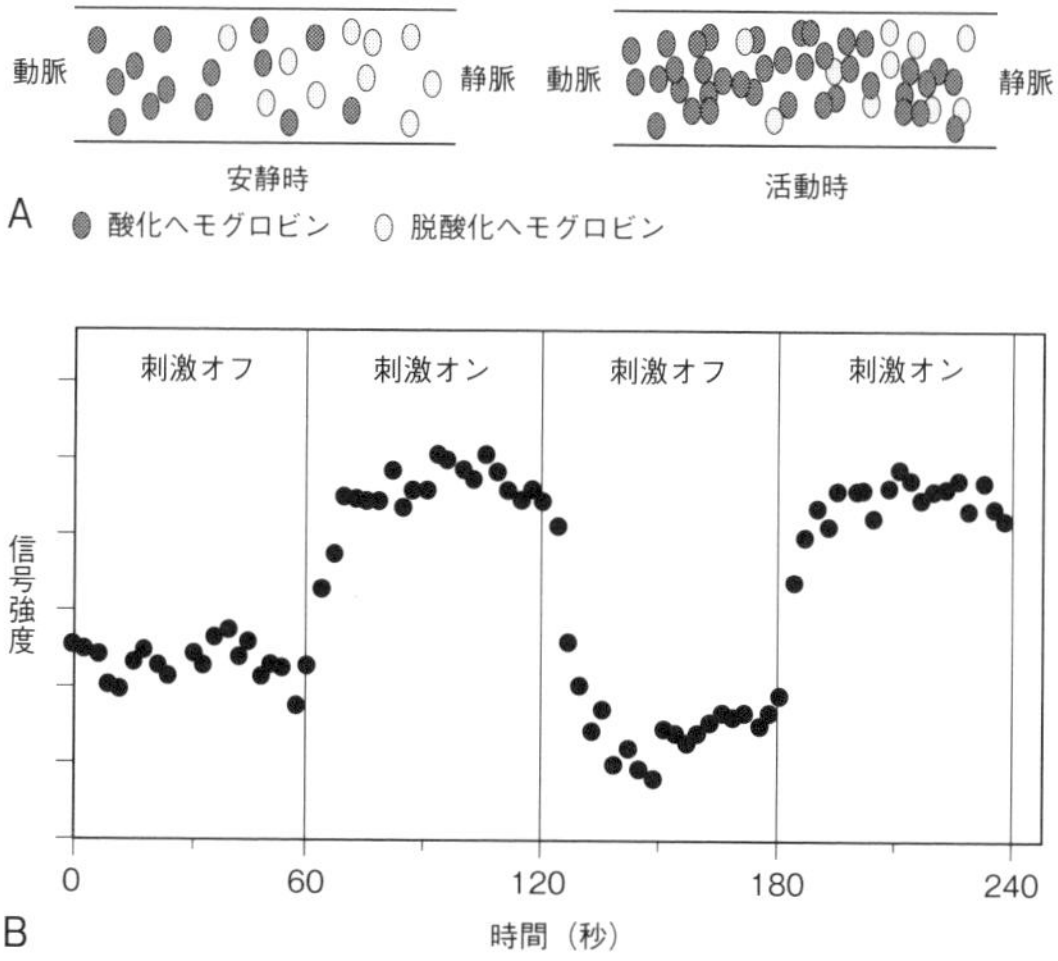

図4-3　脳活動の測定の概念図

【A】BOLD シグナル：安静時は酸化ヘモグロビンと脱酸化ヘモグロビンの割合が同じであるが、活動時には酸化ヘモグロビンの量が増える。この違いが脳活動の指標として使われる。【B】刺激オンのときの信号強度から刺激オフのときの信号強度を差し引いた結果が脳活動として表される。

想像する参照課題では内側前頭前野（MPFC）（図C）などが、それぞれ賦活されることから、知覚、記憶から高次認知までそれぞれの心の働きに対応した脳の領域が活性化することがわかる。

fMRIのデータ解析で最も一般的に用いられるのは、SPM（statistical parametric mapping）と呼ばれる一般線形モデルを用いたフリーウェアの解析ツールであり、3次元賦活マップの作成と解析に使われる。全脳の3D画像は一般に一辺2ミリ程度のボクセル（2次元および3次元画像を構成する最小単位をそれぞれピクセルおよびボクセルと呼ぶ）が複数個集まったものとして表現される[1]。

標準化された脳では、それらの3次元座標（x、y、z、単位mm）が表示される。NMI座標は脳の前交連（AC）部位を原点（0、0、0）とし、そこと後交連（PC）部位を結ぶ軸（AC-PC線）をy軸、この軸に垂直な面で側方にx軸、上下方向にz軸という座標系で示される（SPMではテンプレート脳はMNI（Montreal Neurological Institute）座標で表現され、タライラッハの座標軸と異なるので変換の必要がある）。グラスブレインでは、これらの組み合わせ平面（軸位、冠状、矢状）のそれぞれの断面を射影像として示す（図4-5参照）。

最後に、現在利用可能な研究手法の長所や短所をまとめると、表4-1のようになるので参考までに示しておきたい。

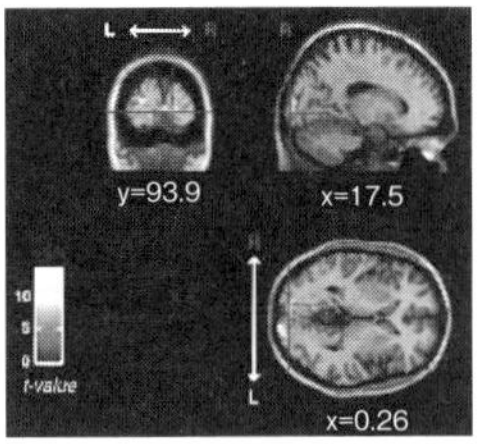

A

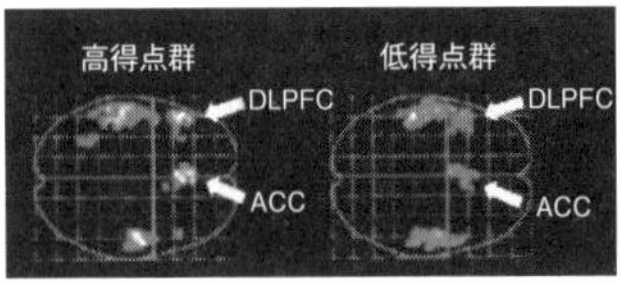

B

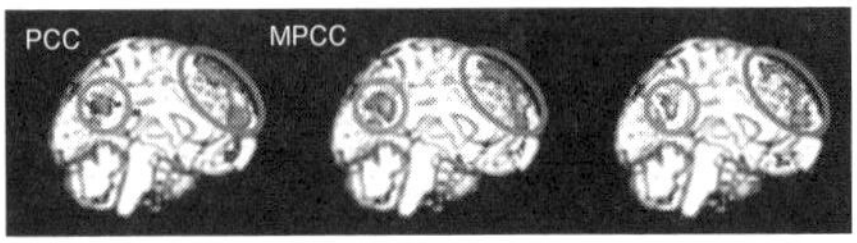

C

図4-4　fMRIによる脳画像化の具体例

(Tsubomi et al. 2012; Osaka et al. 2003;Yaoi et al. 2009 より一部改変)

【A】光刺激による1次視覚野の賦活、【B】ワーキングメモリ課題による背外側前頭前野(DLPFC)と前部帯状回皮質(ACC)の賦活(軸位断グラスブレイン)、【C】自己・他者参照課題による内側前頭前野(MPFC)と後部帯状回(PCC)の賦活(内側面)(カラー図版は口絵参照)。

どのような手法を採用する場合にも、時間および空間分解能、深部計測能、侵襲性、被験者への負荷や計測対象などが研究課題とマッチしていることが重要である。

［1］苧阪 (2010a); 苧阪・矢追 (2015)

4-4　コネクトーム・プロジェクト

すでに述べたように、脳の構造と機能は新たなニューロイメージングと情報学の技術的進歩によって、局所的にはニューロン間から、さらにより広域の神経ネットワーク間まで、相関や結合性（第Ⅱ部参照）の視点から情報モデルで評価できるようになってきた。この流れは、脳科学がグラフ理論などの情報学の影響を受けることで加速してきた。この発展の現状を示すのが、コネクトーム・プロジェクトだ。話はそれるが、文化や芸術を研究の対象とする人文社会科学が、自然科学と比べて成果が出にくいといわれてきたが、その理由のひとつは、対象のとらえ方が難しかったことだ。今まで、心は行動を手がかりに推定するしか方法がなかったが、現在では神経活動を捉えることのできる脳イメージングの手法が

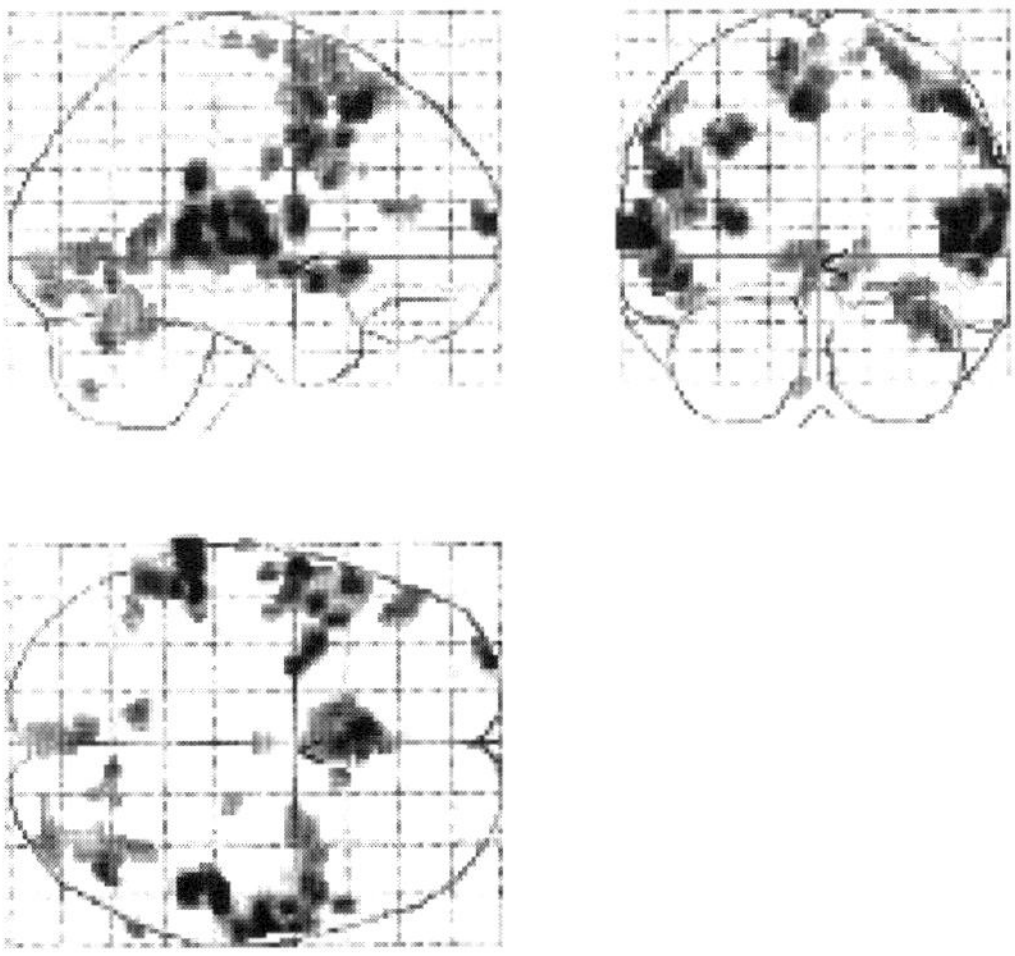

図4-5　グラスブレインの一例

x, y, z 軸の３方向の画像を一度に表示したもの。x 方向を表す矢状（sagittal）断面（左上）、y 方向を表す冠状（coronal）断面（右上）と z 方向を表す軸位（axial）断面（左下）からなり、それぞれ左右、前後および上下方向から示す（賦活部位の重なりに注意）。

開発されたことで、対象が捉えやすくなった。さらには、込み入った関係性が数理的に表現できるようになったことも理由のひとつに挙げられる。たとえば、１９５０年代に、学級集団の心理学や社会学の研究で、集団の構造の推定にソシオグラムが用いられたことがある。ソシオグラムは学級内での生徒の人間関係を成員相互間の選択や拒否を点や線で図示したものだ。このソシオグラムのような社会関係を社会ネットワークとしてスモールワールドネットワーク（small world network：ＳＷＮ：第Ⅱ部参照）のようなグラフ理論の手法で社会脳を表現することができるようになったことも大きい。第Ⅱ部で詳しく見るように、安静時ネットワーク（resting state network：ＲＳＮ）の相互相関による脳の機能分析の例なども、グラフ理論の社会脳研究の展開の好例のひとつだ[2]。ＲＳＮのもとでは、ＤＭＮやＷＭＮが次の作業を予測して、準備状態にあるのである[3]。

　米国の最近の脳科学研究をリードする米国国立衛生研究所（ＮＩＨ）が２０１０年から開始したヒト・コネクトーム[4]（connectome）プロジェクトは、第Ⅱ部でも線虫の例で紹介しているように、ニューロンのシナプスネットワークから脳の諸領域をつなぐ神経ネットワークまでの階層を捉える試みだ。コネクトームの下の階層には遺伝子やタンパク質のミクロな分子的ネットワークがあり、上の層には社会脳が目指している社会ネットワークのようなマクロで複雑な多重的ネットワークの解明がある。そして、その中間には神経回路のメゾレベルのネットワークがある。このように見ると、脳の科学的研究は見かけ上、２極化しているように見える。脳や心の分子メカニズム、ゲノムや免疫などのミクロのメカニズムの探求に向

表4-1　脳の機能計測法の比較

fMRI、MEG（脳磁場計測法）、EEG（脳波）、fNIRS（近赤外分光法）、PET（ポジトロン断層法）の長所と短所

	fMRI	MEG	EEG	fNIRS	PET
空間分解能	○	△	△	△	○
時間分解能	△	○	○	△	△
脳深部計測	○	×	×	×	○

○良、△中間、×困難

［2］Raichle et al. (2001); Raichle (2011)

［3］苧阪 (2016)

［4］ｈｔｔｐ：／／ｗｗｗ．humanconnectome.org

かう流れと、脳や心を自己と社会といったマクロのメカニズムでの働きの研究に向かう流れである。このような、脳神経の包括的な接続マップの研究をコネクトミクスなどと呼んでいる。

　本書で取り上げている社会脳は、むろんこのマクロの方向にある。このような視点から脳を見ると、認知脳や社会脳のネットワークの姿がすぐそこに見えてくる。

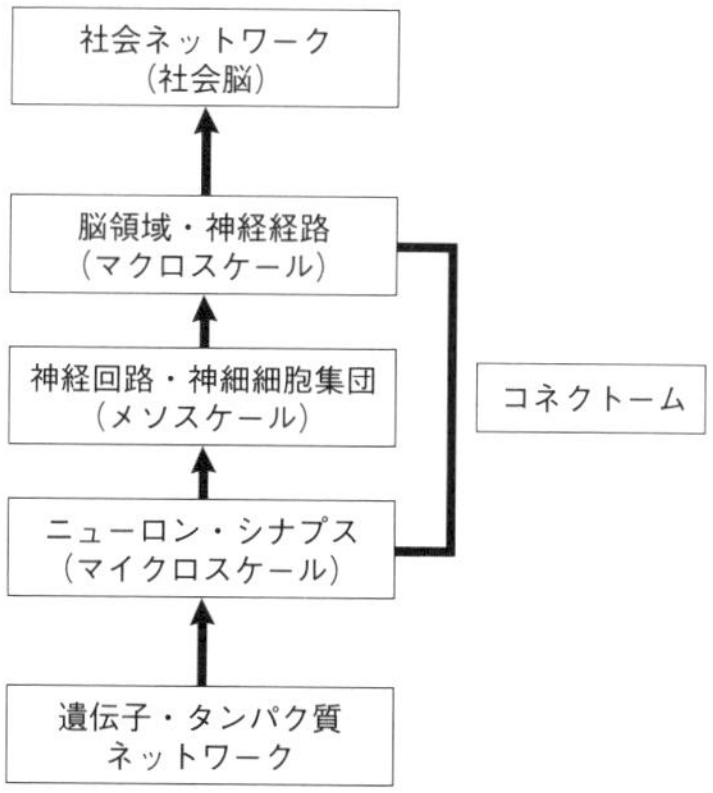

図4-6　脳のネットワーク階層
（Sporns, 2012 を改変）
コネクトーム・プロジェクトは、遺伝子・タンパク質ネットワークと社会ネットワークの間のネットワークを解明することを目的とする。

5章　社会脳

5－1　社会脳と意識

社会脳は職場で、あるいは学校で、他者に配慮することによって、周りの仲間と良い人間関係を保ち、社会的な意識や健全な社会性を養ううえで重要な働きをする。さて、社会的な意識とは何だろうか？　社会的意識について社会脳とのかかわりを語源から探ってみたい。科学（サイエンス）という言葉はラテン語の Scientia に由来し、これは知識を意味するという。これに、con（共に）という接頭辞をつけると conscientia（コンスキエンティア）になり、知識を互いに分かち合う意味になるという。この分かち合うことが意識の概念につながり、さらには良心や共感という社会意識の概念にもつながってゆくのだ。実際、フランス語の意識には良心という意味もある。お互いに心を分かち合うことは社会意識の基盤であり、社会脳がその橋渡しをする。

デカルトが述べた有名な言葉に「われ思う、ゆえにわれあり」がある。どんなに疑っても、疑う自己を疑うことはできないと意識を反省的に捉え、そこに否定できない自己の存在を見た。自己意識に固有の特長を的確に言い当てている。しかし、視点を変えて、もう少し広く自己を社会という視点から眺めてみたい。社会は自己と他者からなっているが、他者なしで自己はあり得るだろうか?

図5-1のルビン（心理学者の名前）の盃という図形では、「盃」と対面する「2人の横顔」が見えるが、図と地が同時に見えの意識に現れることはない。図と地が反転し、たとえば自己（盃）がなければ他者（2人の横顔）もあり得ない関係にある。喩えてみれば、何を背景（地）と認知するかによって、見る対象は自己にも他者にも変わるのだ。もし、他者なしで自己はあり得ないというなら、「他者あり、ゆえに自己あり」という、うがった見方もとることができるだろう。ギリシャの哲学者ソクラテスは他者と問答することで自己（の無知）を知れと主張したが、自己を知るためにも、やはり他者が必要なのだ。さらに進めて「他者あり、ゆえにわれ思う」ということもいえるかもしれない。この視点から見ると、揺るぎのない自己の存在を感じるのは、他者のおかげと言えるかもしれない。では自己についてのより深い認識はどうであろうか? これには、自己自身をモニターするメタ認識の働きが何らかの形でかかわっているようだ。メタ認識は、現在の自分の思考や行動を対象化して認識することで、自身を把握することをさす。そのような、自己の対象化にはリカーシブな情報処理能力が必要となる。[1] 発達的に見たとき、この自己の対象化能力が未熟な乳児は自己への気づきが困難であるが、前頭葉とその関連領域の成熟が自己モニターの働きを促し、自己意識の形成を可能とさせるようだ。[2]

社会脳では自己と他者（社会）のかかわりが、どのようにその脳内表現の仕組みをもつか

[1] リカーシブな情報処理：情報処理の用語。自分のプログラムから自分自身を呼び出して実行できるプログラムをリカーシブ（再帰的）なプログラムという。リカーシブに呼び出す場合、呼び出すときにプログラムの実行状態やデータをスタックに保存し、呼び出し元の処理が戻ったときにスタックからデータを読み出す仕組みが必要となる。

[2] 自己モニター：自己モニターとは自分で自分の心の状態を把握、監視すること。

を広範に研究するが、社会脳研究の魅力は自己を認識する脳と、他者を認識する脳を1つの脳の中でどのように調和的に同居させるかを探る点にもある。このような立場から、自己と他者を共に社会的存在として捉えて、改めて脳を見ることができる。したがって、社会脳は社会と人間の心をさまざまな時間・空間的視座から検討してきた文系の人文社会科学（心理学、社会学、教育学、哲学、倫理学、言語学、美学、経済学、政治学や法学など）を抜きにしては語れない。豊かな人文社会科学の畑を理系のクワで耕す必要性があるのだ。その意味で、融合的な社会脳の研究は文系と理系（脳科学や情報学）が融合して成長し合うイノベーティブな新しい学問だ。

図5-1　ルビンの盃図形
盃にも2人の横顔に見えるが、両方が同時に見えることはない。

5-2　社会脳とは

アリストテレスが指摘するように、ヒトは本来社会的存在だ。すでに述べたように、社会脳は自己と他者の脳内表現や両者がかかわる複雑な社会的環境の処理を担う脳をさし（『心理学事典』[3]）、その研究対象は多様だ。信念、意図、欲求、情動、共感、他者とのコミュニケーション、社会規範、態度、自己への目覚め、他者の意識の推定や想像などを考える社会認知から対人認知まで、さらに認知発達などに及ぶ。コミュニケーションを介して社会的な協働生活を営む人間にとって仲間との協調・共感は競争と同様に必須であり、相手の意図を、行動を通して予測する能力は健全な社会適応に必須だ。また、他者の利益を導く利他的

[3] 平凡社 (2013)

行動やレジリエンス（災害などのストレスに適応的に立ち向かい心的回復力）などは、東日本大震災に見られたように、他者や社会全体への利益を導くものであり、人間の社会に固有の行動であり、社会脳の働きの特徴のひとつとなっている。

さて、人類が社会生活を営むことで、脳の進化が促進されたという考えを社会脳仮説（social brain hypothesis）という。複雑な結びつきの社会ともいえる、相互依存集団の中で、生き抜くための知恵として社会的認知の能力を大脳皮質の前頭眼窩野、側頭葉や扁桃体などのネットワークに育んできたという考えだ[3]。他者と協力するほか、社会道徳に従ったり、利他行動を行うのも、広く社会脳ネットワークの機能といえる。

社会脳で重要な概念となっているメンタライジング（mentalizing あるいは心の理論）について触れておきたい。本書では、他者の心や信念の想像や他者の意図の帰属にかかわる心の働きをメンタライジングと呼んでいる。たとえば、心の理論（theory of mind：ＴＯＭ）の最初の提案者であるプレマックとウドラフは、人の一連の行動を観察させて、チンパンジーにその行動を完結させる絵を選ばせるという実験をもとに、他個体の意図の帰属問題を扱った[4]。一方、デネットらの認知哲学者は、信念は意図とは別の心的状態だと考え、他者の心や信念を明らかにする心の理論の確認のためには、誤信念課題（後述7章9節参照）による検討が必要だと考える立場もある。現代では、心の理論は意図の推定も含むより広範な心的機能と見なされており、メンタライジングという表現が使われることも多いことに注意しておきたい。

次に、社会性について考えてみたい。社会意識が育むのが社会性であり、社会性を担うの

[3] Brothers (1990). 前頭眼窩野、側頭葉や扁桃体などのネットワーク。

[4] Premack & Woodruff (1978)

が社会脳だ。社会性の解明の目標が人間の理解なら、社会脳の研究は社会の中の人間を理解を目指す学問だといえよう。健全な社会生活を営むために必要な社会脳は、脳の進化が育んだユニークな存在であり、この脳のネットワークの成熟のおかげでわれわれは、社会を形づくり発展させてきた。3人寄れば文殊の知恵といわれるように、複数の人々の協力によって一人ではできない問題を解き、新たな創造的意識を生みだすことで、この数億年をかけて、脳は新たな環境に適応してきたのである。従来、行動分野では社会的認知は社会心理学で研究されてきた分野であるが、最近は社会脳研究の発展の影響を受けて様変わりしつつあるようだ。[5]

5-3　ダンバー数

さて、脳は身体の司令塔として重要だ。体重の約2%の重さであるヒトの脳は、それにもかかわらず身体全体で使われるエネルギーのおよそ20%も消費している。脳が多くのエネルギーを消費する理由は、生命の維持や複雑な社会に適応して生き抜くために必要だからだ。脳全体に対する新皮質の割合を霊長類の種間で比較したところ、その割合は社会集団の大きさという社会的要因と比例することがわかってきた。社会環境が複雑になるにつれて、その環境に適応できるように新皮質は拡大してきたといわれる。そして、霊長類の新皮質の進化は集団生活や社会適応のために進化したという、すでに触れた社会脳仮説が提唱された。英

[5] Fiske & Taylor (2008)

国の社会人類学者ダンバーは社会が形成される最小の集団として、１５０名くらいの集団を想定しており、それをダンバー数と呼んでいる。[6]

１５０名というダンバー数は互いに他者の心を想像できることでその集団を安定的に維持するための社会的成員数で、その維持には成熟した社会脳の働きが必要だ。お互いの顔が識別できて、誰と誰が仲が良いか、悪いか、など、ソシオメトリー的認識によって成員相互の人間関係が何とか管理できる範囲だ。今日の情報化社会でのＳＮＳ（social networking service）の平均的メンバー数もそれに近いし、年賀状を送る人数もこれに近い。インスタグラムの写真に対して「いいね！」の承認を求める場合は、同じ趣味をもつ５００名程度まで広がるかもしれない。しかし、この場合は、ｆＭＲＩの実験によると、脳の報酬系が活性化し他者に自分が認められるという潜在的な承認欲求があるらしいので、他者の承認よりは自己愛に偏っているようだ。[7] ダンバー数は社会脳でもその最適適応を営む成員数として重要だ。他者の意図や心を推定するメンタライジングの働きを担う範囲も、その現実的な出発点はダンバー数がひとつの根拠になると思われる。

[6] Dunbar (2014a,b)

[7] Sherman et al. (2016)

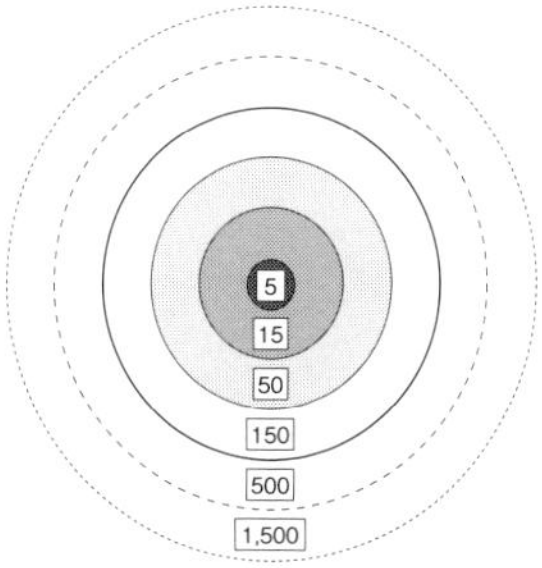

図5-2　ダンバー数とその前後の成員集団数

最も親しい5名（家族を含む）から始まり、150名のダンバー数から1500名の成員に至る。

6章　社会の中の自己

6－1　自己とは

再び社会脳に戻ろう。脳をはじめとして神経系の基盤となるニューロンは、およそ1か月でその構成分子が入れ替わるという。自己意識を形成するニューロンも当然入れ替わるので、1か月前の「私」とは異なる物質で構成されているのだが、現在の「私」の意識がそれほど変わったわけではない。構成する物質は入れ替わるが、機能は同じように持続している。鴨長明は方丈記で「ゆく川の流れは絶えずして、しかももとの水にあらず」と述べているが、これは物質としてのわれわれの脳の働きについても当てはまるのだ。私の身体や脳が事故や疾患によってよほど変わることがなければ、私の意識も（性格も）少なくとも、自分で気づくことができるほどには変わらない。これはニューロンの複雑なネットワークのパターン、つまり社会脳の機能的ネットワークが変わらない、あるいは変わらないように微調整され続けられるからだと思われる。「私」という心的自己の物質的基盤（物質的自己）はどんどん入れ替わってゆくのに、自己意識や社会的な自己は変わらないように感じられるのは不思議なことだ。一体私とは誰なのであろうか？

上田[1]は、「私」には原始的な不安定性とも言うべきものが動いているという。そして、「私」はその不安定性をのりこえて「私」を自覚することにあるという。この不安定性という安定は5章で見たルビンの盃図形の双安定性を思い起こさせる。自己への固執と喪失の間を振り子のように揺れることで、かろうじて動的平衡を維持しているのが「私」にほかならないとも思える。そして、振り子を揺らす影の力が他者であり社会なのだろう。

[1] 上田 (2000)

6-2 自己と他者の境界 —— 社会脳の核心

自己は他者なしには考えられないし、他者も自己なしでは考えられない。自他の区別があるということは、自他の間には境界があることを示唆している。自己と他者のかかわりを捉えるのに、まず自己があって、そこから他者が生まれるという立場と、他者があってこそ自己が生まれるという2つの立場がある。いずれの場合も自他の社会的相互作用が前提となる。[2]他者の中の自己を考えてみよう。すでに述べたように、集団の中で仲間と共に育った場合と比べて、一頭だけ孤立して育ったサルは、自己認識が困難になるというが、これは他者との相互作用が自己意識の形成とかかわることを示唆しており、すでに述べた相互的主観性の形成と、自他の境界問題にかかわっている。

[2] Frith & Wolpert (2003)

さて、自己を知るには、まず自己に気づくこと（セルフアウェアネス）が必要だと考えられる。そして、その実現には、自己ならざるものとの出会いの場が必要であるという考えがある。たとえば、哲学者、西田幾多郎の言葉を借りれば、「物来って我を照らす」という禅の公案のような表現があるが、ここでは、自己は対峙する「何者か」によって照らし出されるということになる。[3]「何者か」には、他者も含めた外界との接触、たとえば今原稿を書いているとき、窓外から聞こえてくる蝉の鳴き声、かすかな話し声、机の肌触りや目に入ってくる文字や原稿用紙、そしてコーヒーの香りなども含まれるだろう。このような知覚による潜在認知も自己を照らし出すことに、ささやかながら寄与しているのだろう。五感を遮断する心理実験（たとえば遮音された暗室の浴槽で、ぬるま湯にじっと浮かんでいる様子を想像してほしい）では遮断後に幻聴や幻覚が現れ、身体的自己の認識が弱体化することがあるといわれる。これは、この後で述べる、自己を担う身体の自己保持感が弱くなるため、自己への気づきが弱くなるためだと想像される。対峙する「何者か」が我を照らすにはシャープなコントラスト、つまり霧が晴れて内や外の境界が見えてくることが必要なのだろう。

自他問題に話題を戻したい。本書で、たびたび出てくる他者の心や意図を想像する心の働きであるメンタライジングについても、他者の心は自己の心の働きのシミュレーション（自己の他者化）として読み解くことができるという考え（シミュレーション説）がある一方、自己は独自の理論で読み解けるという考え（理論説）がある。いずれが妥当な考えなのかについては論争がある。自他の境界がもしあるとすれば、そのNCCはどうであろうか？　認知脳と社会脳のそれぞれ代表ともいえるワーキングメモリネットワーク（WMN）とデフォルトモードネットワーク（DMN）の切り替わりで、一方が優勢になったり他方が劣勢になっ

［3］西田（1948）

たりすることで変わるのかもしれない。WMNは仕事の時間に、DMNは自由な時間に働くと考えられる。第Ⅱ部で述べるように、最近のDMNの研究によれば、われわれは当面、意識している目標から離れた自由な時間にDMNが活動を開始し、自分を取り巻く社会——特に自己と他者の関係性——について考えを巡らすのだという。ヒトは自由時間には社会に思いを巡らし、その脳は社会という世界とその中にいる自己を考えるために作られているという。

6-3 身体的自己

ここで、自己についての2つの見方について見よう。自己は便宜上、身体的自己（bodily self）と心的自己（mental self）に分けられるだろう。自分の身体は自分がコントロールしているという自己帰属の感覚は、自分の身体の保持感と操作感が共に脳内で同期的に働く結果であり、身体的自己という概念がここから導かれる。たとえば、自分の顔（鏡像としての）は身体的自己であるが、顔の知覚レベルの検出を行う後頭葉の紡錘状回顔領域や自己についての参照処理を担う楔《せつ》前部（precuneus：頭頂葉内側面後方にある）、さらに高次の処理に移って、自己を他者から区別する前頭葉（右半球）など、脳全体がネットワークとしてかかわることが知られている。[4] ギリシャ神話にも水面に映った自分の顔に見惚れたナルキッソスの物語があり、自己愛（ナルシズム）の語源となっている。美少年ナルキッソスは水面に生じた波が自分の顔を醜い姿に変えたことで自殺したともいわれる。身体的自己と心的自己の相克

[4] Keenan et al. (2000); 矢追・苧阪 (2014)

の結果かもしれない。自分の鏡像顔を見ると、自己愛の得点の高い被験者では、認知的コンフリクトの座といわれる前部帯状皮質（ＡＣＣ）が活性化するという報告もある。[5] 神話がこんなところでｆＭＲＩとかかわる点が面白い。認知的コンフリクトはまた、虚構の認識や嘘をつくることともかかわり、やはりＡＣＣが関係する。嘘をつくことは他者の心を前提としており、自己と他者の関係性や境界の形成を考える重要な社会脳の領域と考えられる。[6]

一方、自分の身体の認識はあまりに当たり前でありすぎて疑問をもたないが、身体の自己保持感が失われると身体の一部が自分のものとは思えなくなる身体失認（asomatognosia）と呼ばれる奇妙な疾病が現れたり、自分の手が他人の手のように感じられる、いわゆるエイリアンハンド[7]（他人の手）などの症状が現れるが、これは前頭葉の働きがかかわると考えられている。健常者でもゴム製の手を自分の手であるかのように感じるラバーハンド錯覚[8]の実験などで、これと似た経験をすることができる。身体的自己も意外ともろい存在のようだ。身体的自己とかかわる触覚や自己受容感覚をはじめとする身体感覚は、これは自分の手だという身体保持感と、手を動かしているのが自分であるということで行為の主体感とかかわる。

身体的な自己感、つまり身体の自己帰属感は、米国の哲学者ギャラガーによれば、身体の保持感（sense of ownership）と主体感（sense of agency）が担うという。[9] たとえば、コーヒーカップに手を伸ばすという意図的行為は、保持感と主体感の双方を同期的に生みだす。自分の手が他者の手として認識されるエイリアンハンドなどの自己認識の障害、妻をそっくりの他人と見てしまうカプグラ錯覚[10]や、その反対に見知らぬ他人をよく知っている人物と見てし

[5] Jauk et l. (2017)

[6] 苧阪 (2014a)

[7] エイリアンハンド（他人の手）：自分の意思や意図とかかわりなしに、手や腕が動いてしまう症状で「他人の手症候群」とも呼ばれる。左右の手の動きが一致せず「右手は左手が行っていることを知らない」などの症状が起こる。

[8] ラバーハンド錯覚：自分の一方の腕が自分からは見えないように、衝立で隠して机に置き、本物の腕と並べるようにゴム製の手腕を置く。そして、実験者が本物の手と偽の手を同期

まうフレゴリー錯覚[11]などの症例は他者認識の障害といえるし、保持感や主体感の両方あるいは一方が、他者がかかわるという病態にまで移行したものだ。自己と他者をどのように脳が区別しているのかを考えるうえで興味深い。もし、自己の起源が他者にあるとすれば、自己と他者の境界がどのような社会脳の機能とかかわるかを考える必要がある。統合失調症などの社会的不適応症が自己の他有化の体験として現れるという考え[12]も、身体的自己の自己保持感や主体感の希薄化とかかわりが深いと想像される。自己の他者による所有化は、自他の間の主客の境界をなくし、自分の行為が他者の意思によって遂行されるかのように体験されるという。さらに、別の類似症例では、側頭葉テンカンの症候のひとつとして意識が身体から離れて感じられるという体外離脱経験（out-of-body experience：ＯＢＥ）がある。治療過程で患者の右半球の角回（angular gyrus）を電流で刺激すると、通電量に従って患者はベッドに寝ている自分を上から眺めている印象から、次第にから天井に近いところまで浮き上がって眺めるような経験をもつという[13]。脳外科医のペンフィールドが側頭葉への電気刺激によって類似の経験を誘発することも報告されており、角回や側頭葉と頭頂葉にまたがるＴＰＪなどが関与するといわれる。これらの疾病は、脳には自他の意識を担う共通した、あるいは独立した領域があることを示している。

するように筆で触ると、偽の手がまるで自分の手のように感じられる錯覚。

[9] Galagher (2000)

[10] カプグラ錯覚：妄想性人物誤認症のひとつで、妄想型統合失調症の症候群にみられる錯覚で、近親者が瓜二つの偽物に入れ替わったと確信する妄想。右半球や前頭葉の障害とかかわる相貌認知障害ともいわれる。

[11] フレゴリー錯覚：やはり、妄想性人物誤認症のひとつで、特定の他者が無害な外観を装った周囲の人物に変装し、迫害を加えてくると確信する妄想。

[12] 木村、(1981)

[13] Blanke et al. (2002)

6-4　心的自己と帰属

自己に気づくこと（セルフアウェアネス：自己の心的状態についてのメタ認識）や他者の心を想像すること（メンタライジングあるいは心の理論）は、自己を知り他者を理解する基礎となる。この種の問題の実験的検討には、課題に少し工夫が必要になるが、よく使われるのは課題を心的な帰属（自己帰属と他者帰属）を必要とするものと必要としないものに分けて検討することだ。自分の心と他者の心のモデル化について、ドイツのフォーゲリーたちは2001年に、fMRIによる面白い実験を報告している。[14] 実験パラダイムはベースライン条件に対して次のような4種類の短文を割りつけることで設定されている。短文は自己帰属（S：self）、他者帰属（T：ToM）、帰属を伴う（+）と伴わない（−）の組み合わせからなっている。つまり、帰属を伴わない事実のストーリー（T− S−）、他者帰属のみを喚起するストーリー（T+ S−）、自己と他者帰属の双方を喚起するストーリー（T+ S+）、および自己帰属のみを喚起するストーリー（T− S+）の4種だ。

自他の心的帰属を含まない（T− S−）では、次のようなストーリーが呈示され、その後質問がある。fMRI装置に入った被験者はそれぞれのストーリーを黙読して質問に答えるのだ。「泥棒が宝石店に入ろうとしている。泥棒は店のドアをこじ開け、電子検知器のビームに当たらないように用心し、腹ばいで侵入した。検知器のビームに触れると警報が鳴ってしま

[14] Vogeley et al. (2001)

う。ドアを開くと宝石が輝いているのが見えた。手を伸ばそうとすると何か柔らかいものを踏むと同時に、かん高い声がし、柔らかい毛皮のかたまりのようなものがドアに向かって走り抜けて行くとすぐに警報が鳴った」。

この後、「警報はなぜ鳴ったのか？」という質問があり、答えているときの脳の活動が測定された。ここで述べられているのは事実の物理的描写であり、自他の心の帰属は含まれないというのがフォーゲリーたちの主張だ。

一方、（$T^{+}S^{-}$）では「店で泥棒した男が逃げてゆく。巡回中の警官が自宅に向かって逃げてゆく男が、手袋を落としたのを目撃する。警官は彼が泥棒であるとは知らないで、手袋を落としたことを注意する。警官が泥棒に向かって〝ちょっと待て〟と叫ぶと、泥棒はこちらを振り向き、警官を見るとあきらめて降参し、両手を上げて店に押し入ったことを白状した」の後、「なぜ泥棒はそうしたのか？」と問われる。このストーリーには泥棒という他者の心を読むという他者帰属の視点が含まれている。

次に、（$T^{+}S^{+}$）では、「店で泥棒した男が逃げてゆく。彼はあなたの店に泥棒に入ったのだが、あなたはそれを防げず、泥棒は逃げてゆく。こちらにやってくる警官が逃げてゆく泥棒を目撃する。警官は、泥棒がバスに乗り遅れまいとあわててバス停に向かって走ってゆくと思っている。警官は彼が今、あなたの店に押し入った泥棒だとは知らないのだ。あなたは、パスに乗るまでに警官にことの事情を知らせねばならない」の後、「あなたはどう思いますか？」と問われる。このストーリーには（$T^{+}S^{-}$）で見られる他者帰属に加えて、自己帰属

（自分の店に、という視点）が導入されている。

最後に、（T⁻ S⁺）では、「あなたは週末にロンドンに旅行した。市内の美術館や公園に行きたいと思っている。朝、ホテルを出たとき青空が広がり太陽が照っているので雨の心配はなさそうだ。しかし、午後に公園を歩いているとき、大雨が降りだした。あなたはあいにく傘をもっていない」の後、「あなたはどう思いますか？」と問われる。このストーリーではT⁻には人称が用いられず、単に天候状況が導入されている点で（T⁺ S⁻）と異なる。いずれも他者や自己帰属が条件ごとに厳密に設定されているとはいえないが、それでもストーリーの理解や読む際の視点取りが、TとSの組み合わせでうまく表現されている。以上のストーリー以外に、コントロール条件（ベースライン条件）として、相互にかかわりのない短文からなる脈絡のない（ストーリーのない）文が呈示された。

fMRIの実験結果から判明したことは、物理的ストーリーである（T⁻ S⁻）とベースライン条件間には脳活動の差は認められなかったが、（T⁻ S⁺）や（T⁺ S⁻）とベースライン条件間には、それぞれ右半球の側頭‐頭頂接合領域（TPJ）、前部帯状皮質（ACC）や、やはり右半球のACCなどに活動が見られた。自他双方への帰属を求める条件（T⁺ S⁺）との比較では、右のACCなどが活性化することがわかった。これらのデータから右半球のACCが自己・他者帰属の両者で共通して活性化を見せる領域であること、さらに条件の組み合わせから自己帰属S⁺では右のTPJ、他者帰属T⁺では右のACCや左TP（側頭極）の活性化が示された。TPJは身体パーツの視覚的認識を担う外線条皮質身体領域（Extrastriate body area：EBA）と共に自己の身体保持感を担っている。これらのデータから、直ちに自己と他者帰属が異なる領域で脳内表現されているとは断言できないが、興味を引くデータだ。なお、ACCはMPFC（内側前頭前野）に近い領域にある。自他の帰属を使った最近の107の関連論文データのメタ分析では、自他の帰属課題を内側面で比べると、それぞれの活動領域に違いはあるものの共通して活動するMPFCなどが観察された。これらのデータから、腹内側前頭前野（VMPFC）、左腹外側前頭前野（VLPFC）や左の島皮質（IC）は自己に、背内側前頭前野（DMPFC）、TPJ、楔部（cuneus）などは他者にかかわるようだ。[15] しかし、上記のように、自他双方の課題で共通して活動する領域も報告されていることから、自他の帰属問題は将来の課題だ。社会不適応症一般についていえることは、ASD、統合失調症、PTSDやうつはMPFCの不調に由来することが多いという事実であろう。[16]

　自己の概念や自己意識の脳内表現については、別の研究では、内側前頭前野から後部の帯状回に至る皮質正中内側領域がかかわるという見解や、[17] それらに加えて楔前部、側頭頭頂接合領域（TPJ）や側頭極（TP）といったより広範なネットワークが関与するともいわれている。[18] これはすでに触れた、自他帰属の実験データとも符合する。

　もうひとつ、自己参照課題（self-referential task）と呼ばれる心的自己の研究について見てみよう。この課題では、自己、友人と他者などについて、心理的距

[15] Denny et al. (2012)

[16] op. sit.

[17] Nortoff & Bermpohl (2004)

[18] Legrand & Ruby (2009)

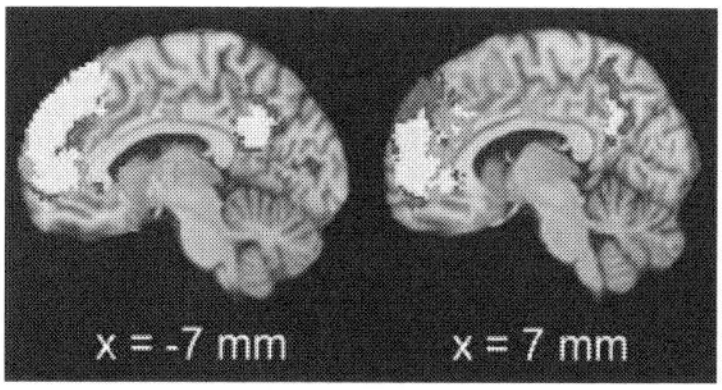

図6-1　自己参照課題のメタ分析
（Denny et al., 2012 を改変）
他者帰属（赤）、自己帰属（緑）、および両方の帰属条件（黄）で活性化した領域（左右がそれぞれ左半球と右半球）。（カラー図版は口絵参照）

離感の異なる人々をそれぞれ、性格形容詞（正直や頑固など）で表現して、その一致度を参照させる。いずれの課題でも背内側前頭前野領域（ＤＭＰＦＣ）などで活動が認められるが、自己と他者の条件間に、それぞれＭＰＦＣやＡＣＣで差があるというデータがある一方、[19] 両者ともにＭＰＦＣであり領域差はないという知見もあり、[20] 自己と他者の表現が異なる脳領域に特別な座をもつのかどうかについてはやはり答えが出ていない。

フラストレーションの向け方についても、自他間で違いがあるようだ。何かの理由でフラストレーションを感じる場合、その原因を他者に帰属させたり（他罰）、自己に帰属させたり（自分のせいにする、自罰）することがあるが、このような自他への因果帰着の方向性にも前頭葉がかかわるらしいことが、ピクチャーフラストレーションテスト[21]を用いたｆＭＲＩの実験で示されている。[22] 英国の女性心理学者フォックスによれば、フラストレーションの因果帰着には個人差があり、身の回りで起こる事柄をいつも楽天的に捉える人と悲観的に捉える人がおり、そのような性格も脳の違ったネットワークが担っているという。彼女はそれをサニーブレインとレイニーブレインと呼んでいる。[23] サニーブレインは前頭前野が皮質下の側坐核（たとえば笑顔などポジティブな情報とつながる報酬系）とネットワークを介して活動し、レイニーブレインは前頭前野が、やはり皮質下の扁桃体（たとえば恐怖に怯える顔などネガティブな情報とつながる恐怖系）とネットワークを介して活動するときに現れるという。不安とかかわる扁桃体に障害があると恐怖感が弱くなるが、一方では危険やリスクに対する回避行動がうまくとれなくなるという困ったことが起こる。神経伝達物質という視点からは、ドーパ

[19] Kelley et al. (2002)

[20] Yaoi et al. (2009, 2013)

[21] ピクチャーフラストレーションテスト：フラストレーションへの反応や欲求不満の耐性を調べる心理検査で、ＰＦスタディ（Picture Frustration Study）と呼ばれる。日常的に経験するフラストレーション場面が描かれた24枚の線画による絵を用いる。それぞれの絵の左側の人物の発話に対して、右側の人物の発話部分が空白になっており、場面を見て自分で答えられる発話内容を空欄に記入し、その反応によって評価を行う。ローゼンツバイク（Rosenzweig）の発案による検査。

[22] Minamoto et al. (2014)

[23] Fox (2012)

ミンとセロトニンの働きが楽天や悲観傾向と結びつくらしい。

自己や他者の意識の形成の障害が、自己と他者の境界形成や他者理解にかかわることで社会脳の適応障害が生じることもわかってきた。ＡＳＤ（自閉症スペクトラム症）は、最もそれと近い障害である。社会脳で自己がどのように統合され、他者との境界がどのように形成されるかはこれからの社会脳研究の大きな課題であるとともに、社会的存在としての脳の役割を考える大きな手がかりとなるだろう。

7章　融合社会脳の展開

ここで、社会脳の研究の具体例に入ろう。社会脳の研究が人文社会系や理系の脳科学や情報学の研究者の興味を引くようになってきた理由は、他者の意図、信念さらに意識など、従来は主観的とされ、測定が困難と思われてきた心の内面的な働きが、評価できるようになってきたからだ。他者の心を想像する力が、社会性の芽生えとして、ごく早い乳幼児期をから徐々に発達することがわかってきたことも、研究のすそ野を拡大してきた。前章でも社会脳の研究には人文社会系からのアプローチが、先端脳科学や情報学などとの融合に欠かせないと述べたが、この文理融合アプローチを融合社会脳の研究と呼びたい。次に、その代表的領域のいくつかについて具体的に見てゆこう。

7-1　社会脳研究の諸領域

人文社会科学と先端脳科学、さらに情報学が研究のディシプリンの違いを越えて、社会脳

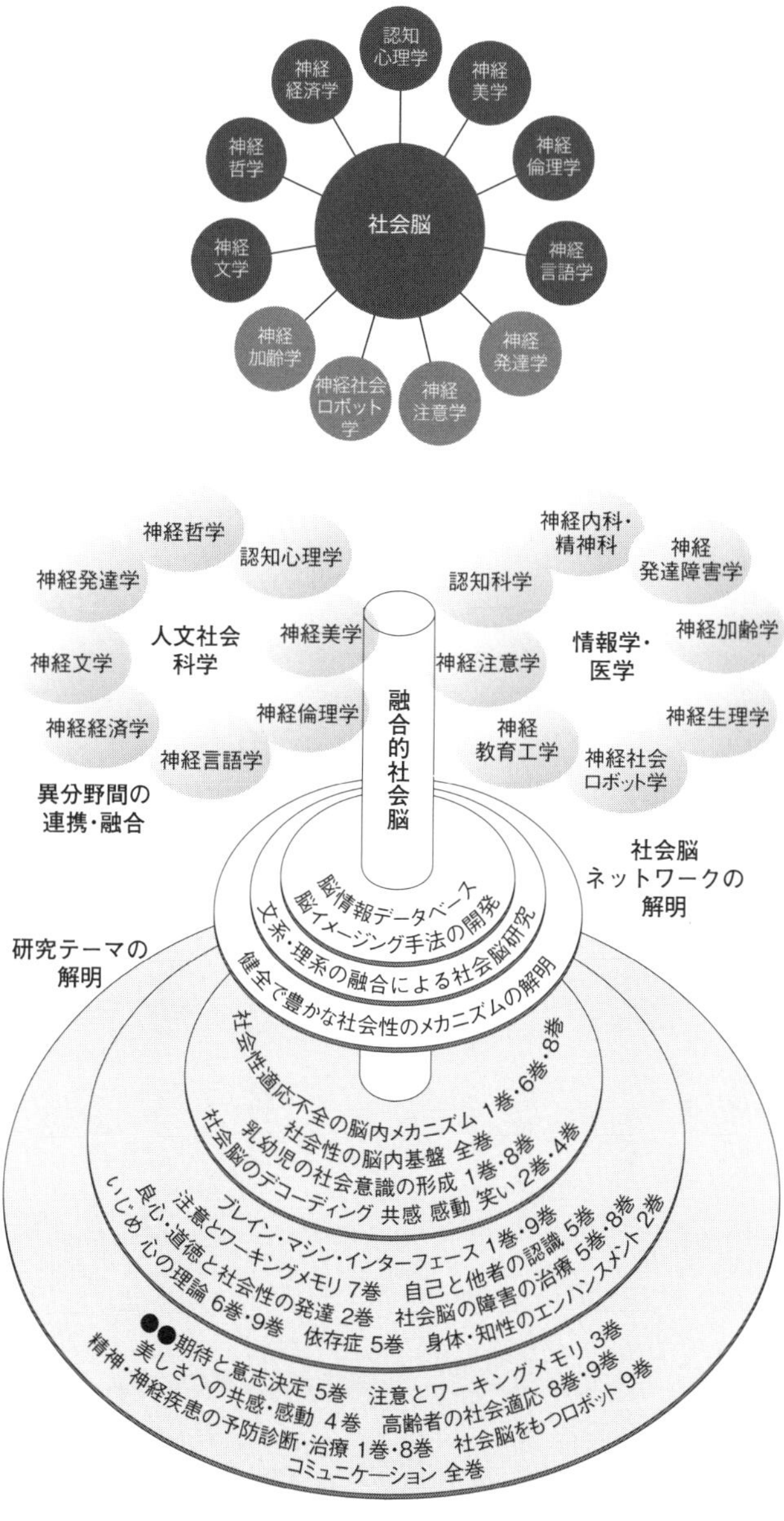

図7-1 融合社会脳の研究の分野(苧阪, 2015b)
【上】社会脳の研究分野の一例、【下】その展開形である融合的社会脳の研究テーマ群。

という新たな学術ルネサンスがその境界融合領域で花を開きつつある。

豊かな社会性を育む基盤となる社会脳は、認知心理学（コグニティブサイコロジー）、神経倫理学（ニューロエシックス）、神経経済学（ニューロエコノミクス－行動経済学を含む）、神経美学（ニューロエステティック）、神経言語学（ニューロリンギスティックス）、神経哲学（ニューロフィロソフィー）、神経発達学、神経文学、神経加齢学、神経注意学、神経社会ロボット学など、文理の広い分野にわたる融合的研究の展開が必要だ（図7－1上）。そして、心理学などの社会科学を中核とした新しい人文社会科学群と、前頭葉の脳科学や情報学、さらの社会ロボット工学などを融合させた融合社会脳の新たな展開が必要だ。そして、これらの領域が融合して行う幅広い研究テーマ群がある（図7－1下）。

以下では、これらのテーマからいくつかの具体例を見てみたい。最新の社会脳研究をレビューする試みを2012年から2016年まで5年間にわたり「社会脳シリーズ（苧阪編）」として紹介してきたので、ここからも具体例を取り上げたい[1]。シリーズの内容の概略は以下のようである。

第1巻『社会脳科学の展望——脳から社会をみる』では、未来を予測する脳、嘘をつく脳、顔認知の不思議、文化の違いを映し出す脳、社会性の疾患、妬みの心を担う脳など、脳から社会を逆投射することで社会脳の将来的な展望を行っている。そして、第2巻『道徳の神経哲学——神経倫理からみた社会意識の形成』では、健全な社会性、あるいは社会規範としての道徳がどのような脳内表現をもつかを神経倫理学や神経哲学を通して観察してい

[1] 苧阪編著「社会脳シリーズ」全9巻、新曜社（2012-15）

る。さらに、第3巻『注意をコントロールする脳 —— 神経注意学からみた情報の選択と統合』では、社会脳が前頭葉のワーキングメモリの実行系とかかわり、前頭葉と頭頂葉の連携で実現されている注意という実行系による情報の選択と統合が、現在の意識を創ることをその脳内基盤から解説している。第4巻と第5巻の『美しさと共感を生む脳 —— 神経美学からみた芸術』および『報酬を期待する脳 —— ニューロエコノミクスの新展開』では、なぜわれわれの心が美しさに引きつけられるのかを前頭葉などの働きとかかわることを、そしてモノを欲しがる心の働きを経済行動を通して、基底核の線条体や側坐核などの報酬系の働きを通して社会脳の立場からそれぞれ検討している。第6巻『自己を知る脳・他者を理解する脳 —— 神経認知心理学からみた心の理論の新展開』では、内側前頭葉を中心領域として働くメンタライゼーション（心の理論）から自己や他者の認識と行動のプロセスを検討し、社会脳と認知脳の双方が社会や環境への適応に必要であることを示している。メンタライゼーション課題でも特に、誤信念課題[2]（false belief task）にどの程度正しく答えられるかが、社会脳の成熟の度合いを示す指標となっている。ＡＳＤの子どもをメンタライゼーションの運用に障害をもつ子どもたちではないかと推定する立場もある[3]（第Ⅱ部参照）。次に、第7巻『小説を愉しむ脳 —— 神経文学という新たな領域』では、言葉という記号が咲き乱れる秘密の花園を探求し、小説や文芸がなぜ愉しみをもたらすのか、そして、それがどのような脳内表現をもち、社会的な情動や共感を創発するのかを見ている。たとえば、小説などを読んでいるとき「宝くじに当たった」などの表現に遭遇すると線条体などの報酬系領域が賦活する

[2] 誤信念課題（false belief task）：メンタライジング（心の理論）課題で用いられる検査。ある事象を見た人とそれを見ていない人のそれぞれの心の状態がどのようなものかを想像する課題。他者の心、意図や信念を想像する心の働きを調べることができる。本書で出てくるサリーとアン課題は誤信念課題の一例。

[3] Baron-Cohen et al. (1985)

のだ。[4]そして、第8巻『成長し衰退する脳 ―― 神経発達学と神経加齢学』では、乳幼児のメンタライジングの発達と加齢による衰退の神経基盤を社会脳からライフスパンにわたって概観している。さらに、高齢者の認知症やワーキングメモリの衰退についても考えている。また、児童虐待がその後の脳の発達に影響を及ぼし、成人後の心的障害を招くこともわかった。最後に、第9巻『ロボットと共生する社会脳 ―― 神経社会ロボット学』では、メンタライゼーションの働きをもつ社会ロボットが可能かを、ロボット演劇、人工共感、ロボットの人らしさや他者性について考え、社会脳が近未来に向けてロボットと共生できる社会を探っている。

以下では、このシリーズの中から興味深い社会脳のテーマを手短に紹介する。興味ある読者は、このシリーズを直接参照していただきたい。

7-2 報酬を期待する脳 ―― ニューロエコノミクス

第5巻『報酬を期待する脳』のテーマは、われわれがなぜモノを欲しがるのか、あるいは商品の購買モチベーションはどこから来るのであろうか、といった経済行動とかかわる心理の基本問題を考えている。購買を予測したり決定したりする場合の脳スキャン（fMRI）による脳活動も報告されており、ビジネスの世界では、このような新分野をニューロマーケッティングと呼んでいる。[5]ナットソンはパソコン画面に商品を見せた後で値段を示し、そ

[4] 高橋 (2014)

[5] 苧阪 (2014b)

の商品を購入するかどうかを判断する際の脳スキャンによる観察から、報酬系の一部である側坐核、島や前頭前野などの脳領域が購買の意思決定にかかわることを明らかにしている。一般に、報酬はドーパミン（第Ⅱ部参照）による強化学習を伴い行動を方向づけ、モチベーションを導く契機となる。食物という生物的報酬（一次的報酬）を目指すのはヒトも動物も同じだが、ヒトの場合、二次的報酬である金銭の取得や社会的報酬も当面の目的となる。[6] 欲しいものへの購買モチベーションを生む脳の報酬系（図7-2）の働きから研究する学問、ニューロエコノミクス（神経経済学：広く行動経済学に含まれる場合もある）は、脳の報酬系、強化学習やドーパミンの働きに注目している。しかし、意思の決定には感情が一役買っていることも多い。たとえば、正統的な経済理論のモデルで予測される結果は、実際は外れることも多い。直観や感情と結びついたバイアスがかかるため、経済活動が一見不合理な意思決定に依存することもわかってきた。何度も出てくるカーネマンは、プロスペクト理論（リスク下における意思決定の提案）によりノーベル賞経済学賞を受賞したが、心理学から経済行動を解明し、報酬や報酬期待を通してどのように意思決定が行われるのかを科学的に分析している。

最近の、ブレインイメージングを用いた実験では、利他的行動にも報酬系が働くことが明らかにされている。2人がお金の分配方法を巡って駆け引きする最後通牒と呼ばれる経済ゲームでは、公平さが脳の報酬系に影響を与えることが示されたし、さらに、米国の社会神経科学者のモルが行った実験では、寄付行為も利他的行為としてや

［6］渡邊 (2014)

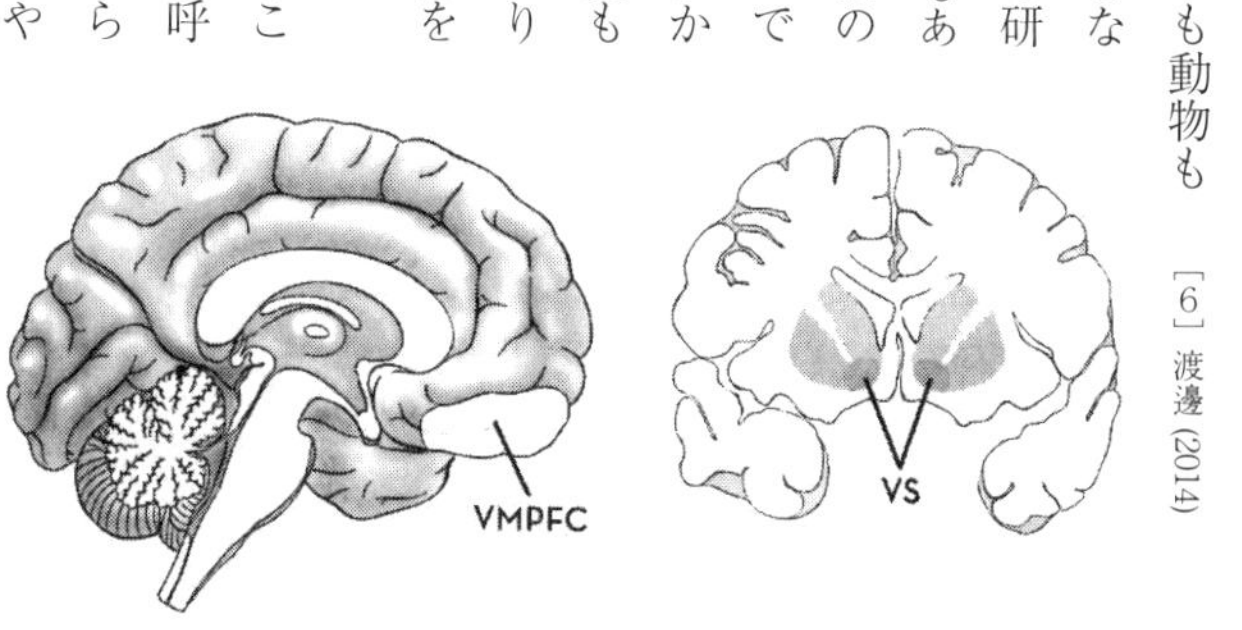

図7-2　報酬系の一部 (Lieberman, 2013)
VMPFC—腹内側ＰＦＣ：VS－腹側線条体。

はり自己の報酬系に満足感を与えるという大変面白い報告をしている。[7] これは、人間が社会は公正であり構成員が公正性の信念をもっていることを前提としている。公正性を評価するゲームを用いた資源の不公平分配に対する社会脳研究は、腹外側前頭前野（ＶＬＰＦＣ）（図7－12参照）の活動とかかわる脳の抑制系をその起源のひとつにもつ可能性が指摘されている。

7－3　不注意による見落とし――ゴリラ実験

経済から、次に社会脳とかかわる注意（attention）の働きに話題を変えよう。多くの作業を同時的に行うことを求められる現代社会はマルチタスク社会だ。しかし、マルチタスクにはそれぞれのタスクへの適切な注意の配分が必要だ。スマートフォンの画面に注意が集中すると、歩いている場合に人とぶつかったりするだろう。

現在、社会脳の主な研究テーマの1つは注意に集中している。ここで注意にまつわる社会脳の面白い実験を2つ紹介したい。最初の実験は、ヒトは2つのことに適切に注意を向けられないことがあることを示す。何かに極度に注意を集中すると、普通なら見えているものに気づけなくなることがある。チャブリスとシモンズは、被験者に白シャツと黒シャツのそれぞれ3人チームがバスケットボールでパスを交換するビデオを見せて、白チームのパスの回数のみをカウントさせるように指示した。カウント中にゴリラの黒いぬいぐるみを着た人がコートを横切るのだが、およそ50％の人しかこの異常事態に気づくことはなかった。チーム

［7］Moll et al. (2006)

［8］Chabaris & Simons (2010)

［9］Bateson, Nettle & Roberts (2006)

が入り乱れてパスする中で特定チームのパスのみをカウントするには、動く人と動くボールの両対象に注意を向けねばならない。このような状況では、普通なら気づく明らかなものにも気づかないことがあるということだ。注意資源には厳しい制約があり、制約を超えた情報（ゴリラ）は見落とされるということだ[8]。社会適応には当面必要のない対象に認知を抑制することも含まれるのだ。

さて、無意識な注意についての例を、もうひとつの実験で見てみよう。

英国のニューキャッスル大学で行われたコーヒークラブでの「正直箱（honest box）」の実験[9]は、次のようなものである。休憩室にはセルフサービスのコーヒーや紅茶のセットが置かれており、一杯50ペニーを入れてくださいと書かれた注意書き（「花の写真」つき）が貼られ、その下にお金を入れる箱が置かれている。残念ながら、誰もいない部屋なので正直に50ペニー入れる人は少ない。ところが、図7－4上のような花の写真を視線の写真（図7－4下）と取り替えると、投入金額は3倍に増えたという。いずれの写真も、それが特に意識的に注意されることはなかったことから、視線の写真は本人も気づかぬうちにその行動に影響を与えたことがわかった。

これには、プライミング効果（第Ⅱ部参照）が作用しているという見解もあるが、増えた理由として、他者の視線は本人に気づかれることなく、無意識な注意を介して道徳的良心がくすぐられるからという解釈もある。この解釈は、一昔前なら笑い

図7-3　見えないゴリラ実験
(Chabaris and Simons,1999 を改変)
中央がゴリラ。

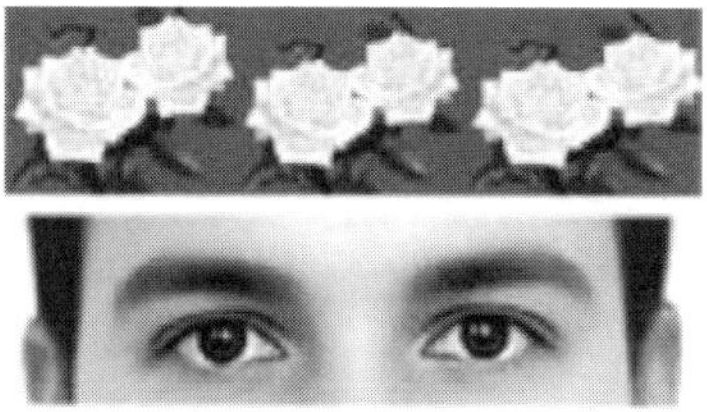

図7-4　正直箱の実験
(Bateson, Nettle & Roberts, 2006 より)

飛ばされていただろうが、面白いことに、脳の側頭葉には他者の視線を検出するユニークな視線検出の社会脳領域があり、そして他者の視線の情報は頭頂葉後部で無意識に働く注意によって前頭葉の良心や道徳とかかわる社会脳の潜在認知のネットワークに伝わっている可能性もでてきた。無意識は科学の研究対象ではないと考える人も多いが、実は重要な社会脳の研究テーマである。

7－4　恥ずかしさ——社会性の芽生え

次のテーマは認知発達だ。恥ずかしいという心は、他者から見て自分がどう見られているかを想像する力が必要だ。恥ずかしいという心の芽生えもずいぶん早く、2歳前後の乳幼児期に現れるという。この頃には、自分の顔に映してみるとはにかみという自己意識を伴う情動の表出が見られるという。[10] 恥ずかしさを感じるのは他者ではなく、他者の目に映る自己だ。これはリカーシブな意識が自己モニターを働かせて、他者による潜在的な自己への評価を検知する能力の芽生えを示しているのだ。この場合、右の前部島（aＩＣ）領域や前部帯状皮質（ＡＣＣ）が活動しているという。[11] すでに6章で見たように、前部島は社会的認知とも深くかかわることがわかっている。

[10] Alessandri & Lewis (1993)
[11] 守田 (2014)
[12] Kahneman (2011)
[13] Heider & Simmel (1944); Osaka et al. (2012)

7-5 ファイティング・トライアングル ── 意図の推定

恥ずかしさに続いて、もうひとつ社会性の芽生えを見てみたい。図7-5のような漫画を見ると、女性が男に追いかけられていると見てしまう。無意識に2人の間に意図と因果関係を想像するからだろう。意図の推定は漫画に限らない。他者の意図の推定は他者の行動予測に必須であり、予測に基づいて自分の行動をプランするのも社会脳の重要な役割のひとつである。われわれの脳には因果関係を見つけたがるバイアスがかかっているのだ[12]。

複数の幾何学図形の動きにヒトの意図を感じるという、意図の推定問題を見てみたい。これは今から72年も前の1944年、米国で行われたハイダーとジンメルの有名なフィルムによるアニメーションの実験に発する[13]。この実験の現代版は、3つの幾何学的図形を用いた見かけの行動についてのパソコンによる実験だ（図7-6）。図のように大小の2つの三角形と小さな円の3者が開閉可能なドアを持つ家に出入りするアニメーションが提示される（その一部のみを示す）。これを見た被験者は、アニメーションをヒトの行動に見立てて「男が女と会おうと思い、家で待っていたところ女が別の男と連れだってやってきた。男はその男とけんかになった。女はためらいながら家に入る…」などと、図形にも意図や欲求があるかのように解釈した。被験者によっては大きな三角形の男は小さな三角形をいじめる悪党、小さな三角形の男は小さな円の女の恋人でヒーローだ、などと、性別やパーソナリティーにつ

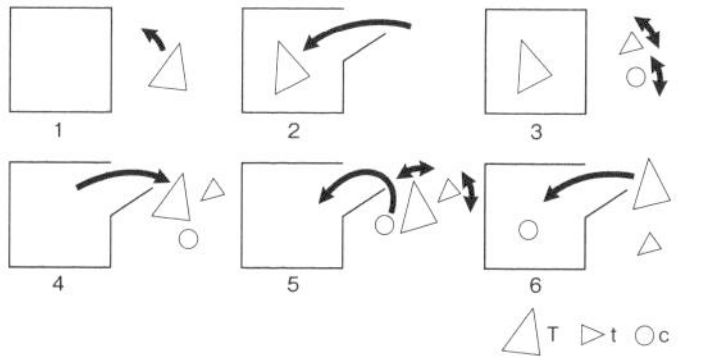

図7-6　ファイティング・トライアングルの実験（一部）（Bruce at al., 1996）

図7-5　示唆的運動によるイベントの理解（Bransford & McCarrel, 1974）

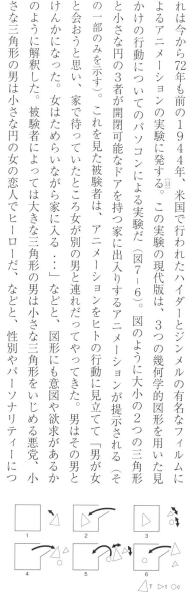

いても想像できたという。1歳程度の乳児でも、目標に向かって動く図形は意図をもっていると認知するというから驚きだ。

この素朴な実験は、多くの被験者が「大きい三角形は小さい三角形をつついていじめる」などと解釈する場面があることから、ファイティング・トライアングルの実験として知られるようになった。このように、われわれの知覚は常に構成的かつ能動的に外界を認知的に消化しているのだ。しかも、抽象的な図形が動くことでそれらの相互関係から社会的行動を無意識に推定できる能力は、ごく早い時期に生まれるという。やはり、アリストテレスがいうように、人は生まれながら社会的動物のようだ。

このように、ヒトは何らかの事象に意図を見出そうという傾向を生まれながらにもっている。小さな子どもに、追いかけたり追いかけられたりするように見える動画を見せると、いじめたりいじめられたりする様子を報告する。ただし、メンタライゼーションが不得手なASDの子どもなどは、こうした図形の動きに意図を感じることは少ないという（その理由は第Ⅱ部に詳しい）。カーネマンによると、これもS1由来であり、ヒトは事象に意図を想像する傾向があるのだという。脳の前頭前野の特徴は予想外の出来事が起こると、それを自分の都合に合わせて合理化して意味づける後知恵バイアスをもつところにある。結果を合理化して納得するという手法だ。

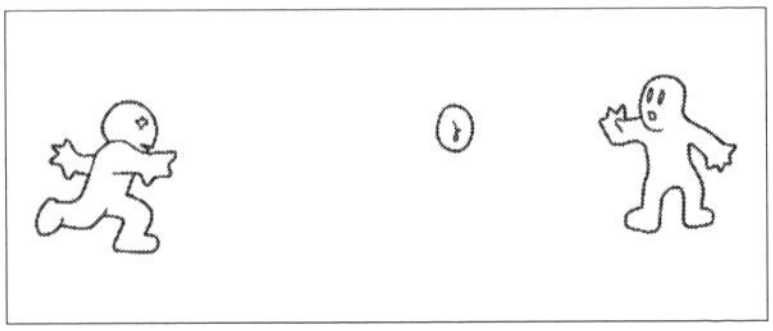

図7-7　サイバーボールゲーム（仲間はずれ実験）（Williams & Jarvis, 2006: https://cyberball.wikispaces.com/）

7-6　いじめと社会的痛み

さて、いじめは社会的な仲間はずれなどで感じることが多く、社会的痛みを伴うこともある。いじめは思春期の児童はもちろん、成人でも見られる。驚くべきことに、いじめも社会脳の重要なテーマになっている。いじめを科学的（実験的）に実現することは難しい。しかし、仮想現実の環境を用いると、仮想のいじめ（サイバー・バリング）実験が可能となる。

前述のアニメーションでも大きい三角形が小さい三角形をいじめるように感じるのだから、仮想のいじめの実験ではどうであろうか？　いじめや仲間はずれなどに伴う心的痛みも社会脳とかかわることを見ておこう。エイセンバーガーらが行ったｆＭＲＩを使った実験で、社会的痛みや苦痛は背側と吻側（頭部の前方）のＡＣＣ（前部帯状皮質）がかかわることが報告されている[14]。彼らは、サイバーボールゲーム[15]（社会的仲間はずれ実験で、２人が１人の参加者をのけ者にするオンラインのボール投げゲーム）（図７-７参照）を用いて、社会的苦痛はＡＣＣ近傍を賦活することを報告しており、主観的痛みはＡＣＣとかかわると同時に、前部の島もこれにかかわるという。また、彼らは、社会性と身体性の痛みが共通の脳内表現をもつと主張している。

一方、腹外側前頭前野（ＶＬＰＦＣ）は社会的痛みなどの苦痛を抑制し、ＡＣＣの活動を和らげるようだ。前にも触れたように、ＡＣＣは興味深い領域で、いじめなどで社会的痛み

[14] Eisenberger et al. (2003)
[15] Williams & Jarvis (2006)

を感じる場合も活動するが、ヒリヒリなどの痛みにかかわる擬態語を聴いただけでも弱いがやはり活動するので、[16] 広範な「危機管理システム」としての役割ももっているようだ。ACCはエラーやアラーム信号を検出して、それを知らせる警告システムとつながるようだ。いじめ由来の社会的痛みを抑制する前頭前野の成熟は遅いので、思春期におけるいじめは時に自殺などの誘因のひとつとなることもある。いじめや社会的な痛みなどネガティブな心的状態は、個人差は大きいものの、思考のエンジンとなるワーキングメモリの働きを弱体化する点でも問題であろう。

7-7 社会脳と芸術 —— ニューロエステティック

次は、社会生活を彩るポジティブな情動である美しさについてだ。セザンヌの風景画を見たり、ショパンの夜想曲を聴くとき、われわれはその色彩や音楽が心に共感をもたらすことを知っている。芸術が、視覚や聴覚を介してわれわれの想像する力を触発し、それが共感をもたらすからだ。たとえば、風景画に美しさを感じる心の働きは、従来は社会科学分野で実験美学と呼ばれる学問で研究されてきた。しかし、美しさや感動を生む芸術が脳にどのように認知されるのかについては、まだまだ未知のことが多い。美しさに鋭敏に反応する脳の領域についても、芸術的感性を評価する社会脳の領域である神経美学（ニューロエステティック）によって特定されるようになってきた。[17]

[16] Osaka et al. (2004)

[17] 苧阪 (2013)

この分野の開拓者である英国のゼキ教授は、視覚の神経美学を色や形の認知を担う初期視覚皮質から絵画鑑賞とかかわる前頭葉皮質を含む高次皮質までを研究し、神経美学の基礎を築いた。[18] 美しいと感動したとき、われわれはニューロエコノミクスで見たように、感動という名の報酬を得たのであり、前頭眼窩皮質や線条体などの報酬系が活動するといわれる。ここで大切なことは、何度も触れたNCC問題だ。視野闘争の実験で見たように、初期視覚とかかわる領域は、外界を見る手助けはするが、視覚的意識にとって必ずしも必要条件とはならない。美しさの認知や共感には情報が、腹側や背側の経路を経て前頭葉や頭頂葉に伝達され、これに報酬系が加わる必要があるようだ。

[18] Zeki (1999)

7-8 社会脳と倫理 —— ニューロエシックス

さらに、深く内面まで社会脳を探ってゆくと、冒頭で述べた、人々の意識や行動を内面的に制約する社会的意識が浮かび上がってくる。道徳や社会規範といった社会意識がどのように生まれ、人々が社会的な逸脱行為をどのように慎重に避けているのかを調べる神経倫理学(ニューロエシックス)と呼ぶ領域がある。[19] 道徳や良心がどう脳内に表現されるかという問題は、これまでの脳科学では問題にもされていなかった「設定不良問題」であったが、近年の融合社会脳の研究はその可能性を探るところまできている。fMRIを用いて、社会道徳からの逸脱行動を生みだす脳のメカニズムを研究する場合、6章で紹介したフォーゲリーの実

[19] 苧阪 (2012)

験のように、架空のストーリーを呈示してその結末を想像させる課題が用いられる。よく知られた例として、トロッコ問題がある。ブレーキが故障して暴走してきたトロッコを最小限の犠牲者で止めるのはどうすればよいかという道徳的ジレンマの問題だ。

暴走するトロッコを想像してほしい。トロッコの進むレールの先には5名の作業員がおり、このままでは全員が死んでしまう。横にあるレールの方向分岐器を操作すればトロッコを別の線路に導くこともできる。しかし、その先にも1名の作業員がいる。どちらに分岐させるべきかの判断を求めると、多くの人は（1名を犠牲にして5名を救う）切り替えるという論理的選択を選ぶ。もうひとつの状況では、5名とトロッコの間に線路をまたぐ歩道橋があり、その橋上にあなたと太った男がいると想定する。痩せたあなたは体重が軽いので、レールに飛び降りてもトロッコを止めることはできないが、太った男を突き落とせばその男は死ぬが、トロッコを止めて5名を救うことができる。あなたは太った男を突き落としますか、と判断を求めると、今度は多くが、太った男を犠牲にするほうを選ばないのである。

グリーンたちは道徳判断を求めるfMRIの実験を用いて、分岐器を動かすのは抽象的な推論を担う脳領域（あるいは認知脳）に依存しているが、他者を突き落とすのは情動を伴う社会的認知を担う領域（あるいは社会脳）だと考えた。[20] 他者とのかかわりが、前者では間接的であり、後者では直接的で感情を伴うと考えられる。ところが、例外もある。米国の神経科学者ダマジオのソマティック・マーカー仮説では、健常者の場合、ギャンブルなどで損したとき、カーネマンのS2のような理性システムが働き、次には不利益を回避する意思決

[20] Greene et al. (2001)

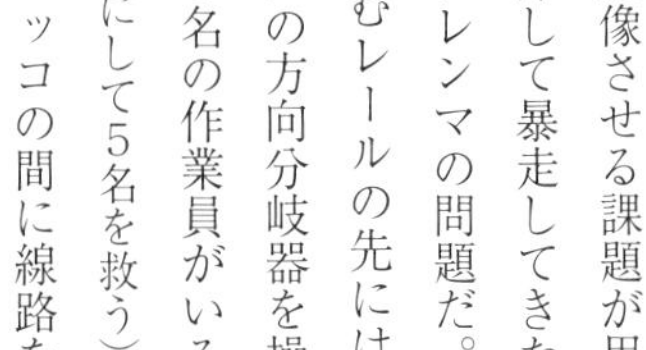

図7-8　トロッコ問題（信原, 2012）

定を行うようになるという。しかし、感情にかかわる腹内側前頭前野に障害がある患者の場合、このような損失回避行動ができなくなり、意思決定に伴う感情がわいてこない。トロッコの例でいえば、このため太った男を突き落とす判断を選んだという解釈もある。[21] 以上から、腹内側前頭前野は抑制とかかわると推定されている。トロッコ問題は道徳判断に情動的バイアスが働くことを示しているのだ。公正性にかかわる腹外側ＰＦＣ（ＶＬＰＦＣ）も、この近傍領域であることは面白い。

[21] Koenigs et al. (2007)

7-9　虚構の想像――嘘をつくこと

最後に、嘘が社会脳で担う役割について見てみたい。嘘をつくこと、そしてそれを理解することは虚構や空想の世界を理解する力となり、ひいては読書の愉しみを増すことにもなり（神経文学）、他者の心の複雑さを理解する力ともなる。芸術に共感することも虚構の想像とかかわるのかもしれない。嘘をつくことも社会脳に固有であり、メンタライゼーションがうまくできる5歳以上の子どもの場合、前頭葉皮質の成熟が必要だ。この年齢で社会適応の一段階のステップアップとなるのが、嘘をつくという社会脳の働きだ。この年齢は、他者の心の想像ができる年齢とも符合するので、嘘はメンタライジングの発達の重要なマーカーともなっている。

ブレインイメージング（ＰＥＴ）を用いて知っているふりをする嘘と、知らないふりをする嘘を調べた実験では、両方の嘘で、正直に答える場合と比べて左の背外側前頭前野（DLPFC）、右半球の腹外側や背内側の前頭前野の活動が見られたという[22]。面白いのは知らないふりをする嘘の場合にACCが活動したことだ。ACCは、すでに見たように、認知的コンフリクトで賦活することが知られている。嘘をつく場合は相手の心を想像することが必要なので、内側の前頭前野などメンタライジング（心の理論）のネットワークの働きも必要だ。

ちょっと話題がそれるが、漫画を楽しむことやユーモアやジョークの理解にもメンタライジングによる他者の心の予測と想像が必要だ。特に他者の視点取得を要する4コマ漫画のユーモア理解にも同様のことがいえる。右の前頭葉の損傷は、比喩やユーモアの理解などの虚構の世界の理解を要する心的課題の成績低下につながるともいわれる。「あの人は石頭だ」という表現を理解するとき、この比喩を理解するには嘘を理解するのと同じ社会脳の働きが必要であるし、ジョークを理解する社会脳にもそれがいえる[23]。人類の進化の過程では、ユーモア理解の結果出てくる笑いは社会関係をつくる言語の起源にもつながるといわれ、成員間の協調行動を導く情動システムのひとつだと思われる。共に笑い、歌い、踊るときも、成員間の複数の社会脳でシンクロナイゼーション（時間同期のタイミング）がとられている可能性もある[24]。

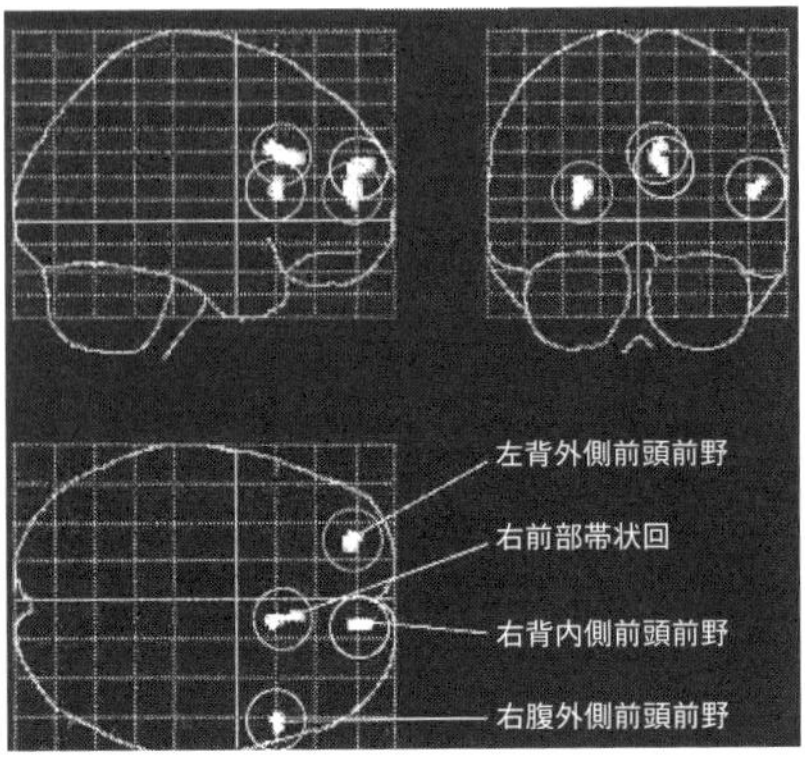

図7-9　知っているふりと知らないふりをしている場合の脳の賦活部位
（阿部・藤井，2012）

[22] 阿部・藤井 (2012)

[23] 苧阪 (2010b; Osaka et al. 2013)

[24] Osaka et al. (2015)

[25] 高橋 (2012)

[26] 高橋 (2014)

さて、嘘をつくのは、他者に対してある目的があるためであり、虚構への想像力が必要だが、一方では他者の心の状態を妬《ねた》むという想像力もある。自己と他者のかかわりでは、妬むという心の脳内表現も社会脳の興味ある研究対象だ。同じ能力があると思っていた友人が思いがけず大きな成功を収めると妬みが芽生える。他人の不幸が起こると、われわれは同情するが、一方でその不幸を内々喜ぶということもある。「他人の不幸は蜜の味」ともいわれ、ドイツ語ではシャーデンフロイデ（schadenfreude）という表現もあるくらいだ。

他人の不幸という蜜の味を味わっているとき、背側前部帯状皮質や報酬系の一部である線条体の活動が高まることが報告されている。[25] これらとかかわる他者への心の状態として、罪悪感や羞恥心などがある。「私は無銭飲食した（罪悪感）」、「私は人違いで知らない人に声をかけてしまった（羞恥心）」などの短文を読んでいるときの脳の活動領域を調べたところ、共に内側前頭前野が関与し、一方、ポジティブな情動では、「私は宝くじに当たった（喜び）」を読ませたときは腹側線条体や後部上側頭溝などが活動したのである。文章も社会的情動を創発するのだ。[26] われわれが小説を面白く味わうことは、自己や他者の視点を自在に変化させつつ、その心を想像することでその状況に伴う情動的側面を味わっていることになる（小説を読む愉みを検討する分野

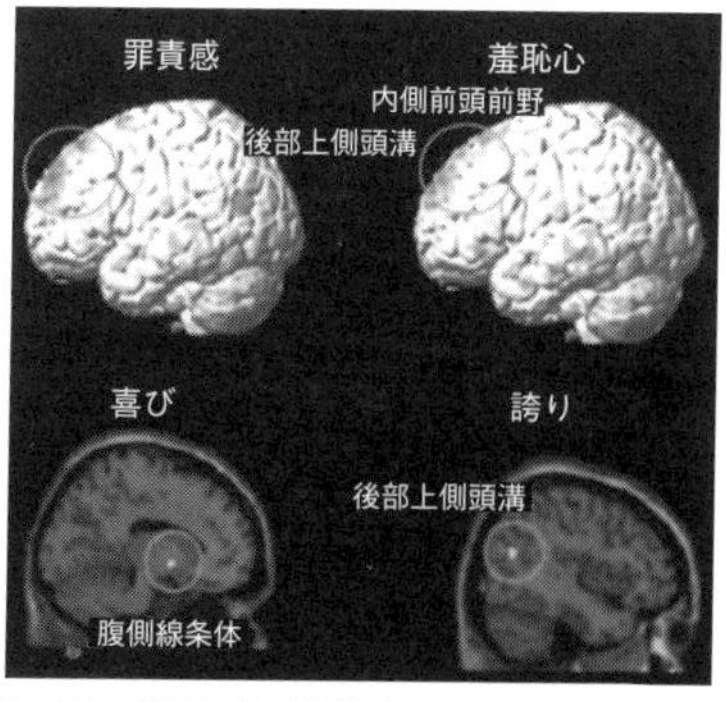

図7-10　罪悪感・羞恥心および喜び・誇りにかかわる脳領域（高橋, 2014）
（カラー図版は口絵参照）

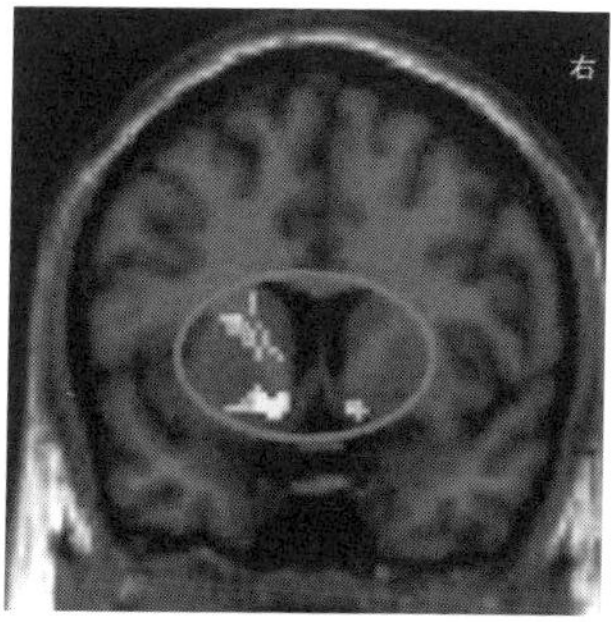

図7-11　妬みにかかわる脳領域
（高橋, 2012）
（カラー図版は口絵参照）

を神経文学と呼んでいる)。嘘をついたり、理解できることは現実から仮想を想像することでもあり、他者の心を想像する力(視点取得)の芽生えでもある。

5歳頃の幼児がメンタライゼーションを獲得する過程には、虚構の世界を見抜く想像力が高まる時期と軌を一にしているようだ。[27] 発達心理学でよく用いられる誤信念課題(サリーとアンの課題)などに見られるように、二者間のマンガ化されたテストは幼児の視点転換の能力を見るのに適しているといえる。この課題では、幼児にサリーとアンという2つの人形を見せる。そばにはバスケットと箱が置いてある。サリーがビー玉をバスケットに入れ散歩にでると、アンがビー玉を箱に入れ替える。サリーが帰ってきたとき「サリーはどこにビー玉を探すでしょうか?」と幼児に尋ねると、サリーが誤信念をもっていることがわかればバスケットという答えが返ってくるはずだ。5歳児は他者が違う信念をもつことができることを知っているので正しい答えが出せるが、(個人差はあるものの)3歳児だとそれはまだ無理で、箱という現実に縛られた答えとなる。嘘をつくという虚構の理解にもこの能力が必要だ。右の腹外側前頭前野に障害のある患者だとやはり視点取得が苦手だということからも、この領域近傍が自己と他者の視点変換に重要な役割を果たしている可能性が見てとれる。

さて、嘘をついたり、妬むには相手の心が想像できるという意味で健常者を想定しているが、社会適応に問題のある疾病である統合失調症や自閉症スペクトラム症(ASD)の場合はどうであろうか? 他者の心や感情を想像する力が内側前頭葉を中心とする社会脳のネットワークが担っているとすると、このネットワークの弱体化によって、たとえば、自閉症ス

[27] Frith & Frith (2003)

ペクトラム症を説明することができる。スペクトラムの意味が健常者から疾病までを含めたメンタライジングの能力の程度の違いであり、他者認知の情報処理がうまくできていないことからくる社会不適応であるとすれば、それはネットワークの働きにある種のずれが見られることによると推定される。別の例では、統合失調症の患者では社会脳の領域に機能的な変調が生じるためであると考えられる。ゲーム理論で有名な数学者ナッシュ[28]が統合失調症で苦闘する様子を描写した映画『ビューティフルマインド』でも、彼の被害妄想や自閉的傾向がこの症候群とかかわることが示されている。最近の研究によれば、大脳皮質とくに内側前頭前野皮質の体積の減少とかかわることが明らかになってきた[29]。さらに詳しいASDとの関連については、第Ⅱ部で述べたい。

[28] John Forbes Nash, Jr. 1928-2015. 1994年ノーベル経済学賞受賞。

[29] 村井 (2012)

7-10　内側前頭前野と社会脳

以上を要約すると、健全な社会生活を送るうえで、社会脳が大切な役回りを演じていることがわかる。前頭前野とその内側領域、および眼窩部領域、上側頭領域、側頭-頭頂接合領域（TPJ）や前部や後部の帯状皮質、扁桃体などが、折り重なるように社会脳ネットワークを形成しているのだ。しかし、現在は、社会脳はもう少し広い範囲のネットワークをカバーしていると考えられている。その一例としてノートフとベルムポールは自己にかかわる意識の領域として眼窩内側部、DMPFC、前部から後部帯状皮質に至る皮質正中内側領域

(Cortical Midline Structure：ＣＭＳ）を提案している。[30] さらに、第Ⅱ部の９章でも取り上げる脳の安静時ネットワーク（resting state network：ＲＳＮ）の新たな知見も、社会脳のネットワークの解明に役立っている。[31]

次に社会脳、特に自己意識やメンタライゼーションなどと深くかかわる内側前頭前野について、その脳内位置を見ておきたい。ＭＰＦＣ（内側前頭前野：ＢＡ10）はＶＭＰＦＣ（腹内側前頭前野：ＢＡ11）とＤＭＰＦＣ（背内側前頭前野：ＢＡ８／９）に分かれ、それぞれ自己の意識、報酬系やメンタライジングなどとかかわるといわれる。メンタライジングの概念には想像する、信じるや意図するなどの能力が含まれる。古代ギリシャの哲学者、ソクラテスは汝自身を知れと述べたが、これは他者との対話を通して自己の無知を知る、つまり自己を知るという意味で現代風にいえば広くＭＰＦＣがかかわる。他者の心を理解するのにメンタライジングという想像の力がいるように、自己の理解には、他者から見て自己がどのように想像されているかを知ることが必要であり、このような働きも一般にＭＰＦＣや島の働きとかかわると推定されている。西田幾多郎[32]は「汝と自己」という論考の中で、自己を知ることは他者の中に自己を見ることでもあると言っている。自己が他者に内的に入ってゆくことは、逆に他者が自己に入ってくることだというのだ。ここでは自他の境界が消えるのだろうか？ ＭＰＦＣの働きで、われわれは幼い頃から育った文化、価値観や社会規範をもちながら社会的意識を形成してきたともいえる。

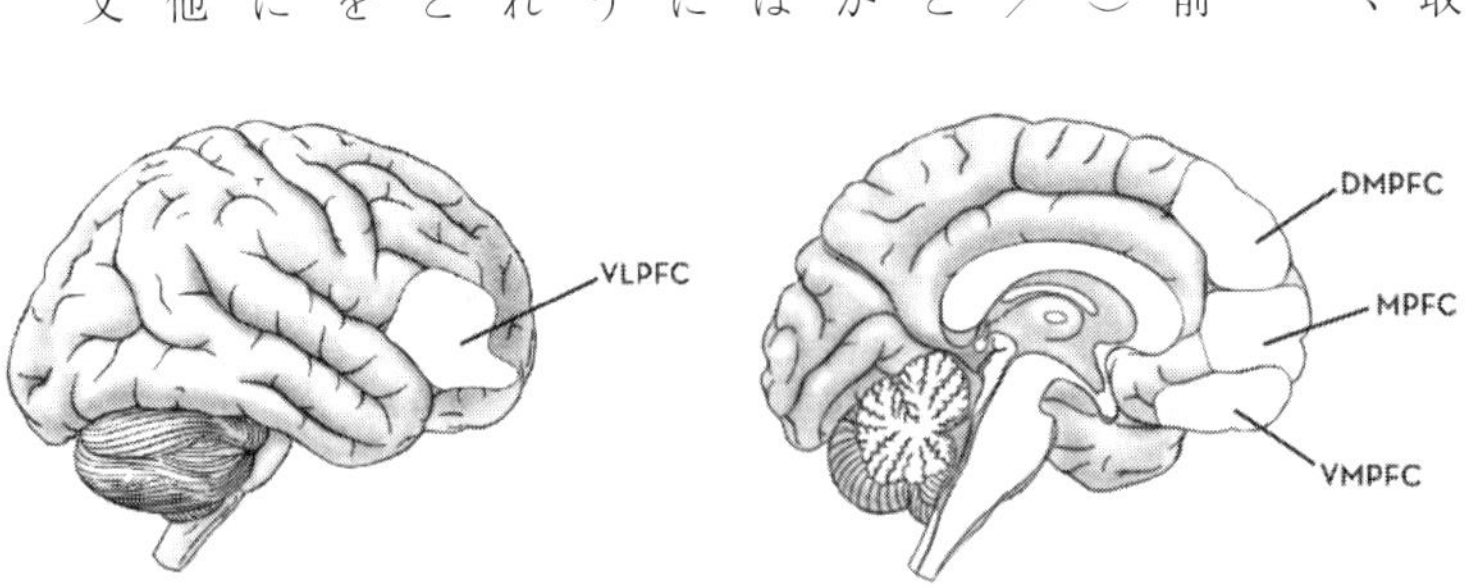

図7-12　前頭前野の構造（Lieberman, 2013）
【左】右腹外側前頭前野（VLPFC）、【右】内側前頭前野（MPFC）、およびその隣接領域である背内側前頭前野（DMPFC）と腹内側前頭前野（VMPFC）。

一方、自己が他者の集合である社会と協調して生きてゆく、つまり健全な社会性を維持してゆくには、行動の抑制や我慢による調整が求められる。ミシェルとエベセンらが乳幼児に行ったマシュマロ実験では、目の前にマシュマロを1つ置き、15分食べるのを我慢できたらもう1つあげる、という設定がなされた。そして、我慢できた幼児はその後の勉強の成績も良かったという報告がある。[33] そのような我慢、つまり自発的な行動の抑制は、セルフコントロールの能力を育み、右の腹外側前頭前野（VLPFC）領域のもつ行動的抑制とかかわると報告されている。自己を磨くには競争も必要だが、抑制による自制も必要なのだ。利己主義から利他主義が生まれるのも、心の社会性によるようだ。

[30] Nortoff & Bermpohl (2004)
[31] Raichle (2011)
[32] 西田幾多郎 (1948)
[33] Mischel & Ebessen (1970)

8章　情報社会と社会脳

8−1　Society5.0と社会脳の進化

第I部の最後に、脳ではなく社会のネットワーク、つまりネット社会について考えてみたい。急激に変貌を遂げるウェブ社会の将来像については、世界各国ともに、来るべき未来社会を産業革命、情報革命の次に位置づけて予測している。わが国でも、2016年に第5期科学技術基本計画が策定され、そこでSociety5.0[1]と呼ばれる「超スマート社会」では、サイバー空間とフィジカル空間（仮想と現実空間）を融合させた、人々に豊かさをもたらす未来社会が描かれている。

この新たな社会では、仮想社会と呼ばれる、今までにはなかった社会が現実の物理世界に入り込んでくる。スマートフォンやインターネットで結ばれたウェブ社会やロボットと共存する社会を想像してみるとよい。とはいっても、仮想と現実を融合させるのも分離するのも、脳の働きのダイナミックスに依存しているのだから、社会脳や認知脳の基礎研究なしでは「超スマート社会」と融和的な社会脳の有効なデザインはできない。ICTのテクノロジーはそれがいかに優れたものであっても、過大なストレスを生まない適応的な社会脳デザ

[1] 狩猟社会（1次）、農耕社会（2次）、産業社会（3次）と情報社会（4次）から、現在はICT（information communication technology）革命を原動力とする社会の入り口にいる、という意味で、Society5.0と呼ばれているようだ。

インをもっている必要がある。マルチタスク社会では、人間には一度に記憶（注意）することができる容量に限界があるので、それに配慮した情報環境が必要だ。[2] たとえば、ヒトの認知脳を取り仕切るワーキングメモリでは、一時的に情報がオーバーフローすることで物忘れが生じるが、安全で安心な「スマート社会」の実現にはこのような制約への配慮も必須だ。認知症に近いＭＣＩ（軽度認知症）をもつ高齢者やメンタライジング障害をもつ子どもについても同じことがいえる。同様のことは、ロボットやモノのインターネット（Internet of the things：ＩｏＴ）社会と共生できる社会脳についてもいえるだろう。

[2] Klingberg (2009)

8-2　ネット社会

もはや身体の一部と化したスマートフォンを通して、われわれは現実世界から仮想社会に出入りする環境にある。ネット世代の日常生活はインターネットと、それをベースとした社会的コミュニケーション（ソーシャルメディア）に依存することが多い。グーグルの自動運転やアマゾンのオンラインショップなど利便性をもつ環境がすでに身近にあり、また、多くの身近な他者をつなぐことで情報の発信と共有を行うＳＮＳの影響も大きい。いずれも、見かけ上は豊かな社会的コミュニケーションが地域を超えて実現されたかのように感じられるが、実態は社会脳が基本とする直接的な心のつながりは失われつつあるようだ。サイバー（仮想）ではなくリアル（フィジカル）な他者との対峙では、他者の身体や視線（正直箱の例のように）を感じながら、抑制的に他者の中に自己を見ることができるが、サイバーではそれが難しい。ソクラテスの対話による自己の発見にも、抑制的に他者の中に自己を見る働きが認められ、そこにはリアルな「他者性」あるが、これがサイバー社会には欠けているのだ。

認知脳はともかく社会脳では情動的バイアスがかかりやすく、サイバーいじめを招きやすいといわれる。カーネマンのいうＳ１の認知バイアスは、他者性の希薄な「いいね！」のような反応を即時的に得て、潜在的な自己愛を満たすプロセス依存症を生みやすい。ウェブ社会の脆弱性はギリシャ神話のナルキッソスの逸話にもつながるような気がする。過剰な情報が人々の心を気移りのする、さらに強い刺激を求めるネットワーク依存に導き、注意が散漫（distractive）な心の状態が生まれ、ストレスを抱え込みやすい状況になっている。[3] そのストレスを低減するために、すでに触れたマインドフルネス[4]などが注目されている。

スマートフォンは情報化社会では、６次の隔たり（第Ⅱ部で詳しく述べる）しかもたないスモールワールド（第Ⅱ部のミルグラムの実験やベーコン数を参照）への入り口となり、１・５リットルの脳の宇宙が世界の何億という人々とつながり、巨大な仮想社会をウェブ上に形成しつつある。最近はＡＩ音声アシスタント搭載のＡＩスピーカーなど、音声コミュニケーションを媒体とした世界にまで拡張され、さらにＩｏＴも取り込んだ巨大な仮想情報空間が生まれようとしており、社会脳にも Society5.0 への新たな適応と進化が求められている。このようなＩＣＴ技術の急速な進展は、光の部分ではヒトに近い社会脳をもつＡＩの実現可能性で期待を集めるようになってきたが[5]、ストレスによる社会不適応やさまざまなプロセス

[3] Gazzaley & Rosen (2016)

[4] マインドフルネス（mindfulness）：現在の瞬間に経験する自分の心に注意を向けて、評価や判断を避けて、現実をあるがままに受け入れる心理的な過程をさす。瞑想などの訓練を通して得ることができる。

[5] 苧阪 (2015b)

依存症という影の部分を含んでいる点に注意が必要であり、新たな学問である融合社会脳研究の大きな研究課題のひとつとなりつつある。[6]

[6] 日本学術会議 (2017)

8－3 ＡＩの影響

もうひとつ、社会脳への大きな影響を及ぼす人工知能（ＡＩ）について見てみたい。近年、将棋や囲碁で機械学習のひとつであるディープラーニング（新たな特徴の機械学習による抽出）を用いた、人工知能（ＡＩ）がビッグデータを駆使してヒトを負かすようになり、ＡＩがヒトの生き方にも大きな影響を及ぼす存在として捉えられるようになってきた。しかし、どのように勝ったのかについてはプログラムの作成者の予測をこえる場合がある点で、不安が残る。カーツワイルは、２０４５年頃に加速的（数関数的）なＡＩの進展により、ＡＩがヒトの知能を超える技術的な特異点（シンギュラリティー）が訪れ、仮想現実と物理的現実との区別がつかない時代がくると予測しているが、[7] この予測がもたらす不安がＡＩへの不信にもつながっている。

[7] Kurzweil (2005)

ビッグデータを生みだすインターネットが進化するほど、ネットワークの網の目が濃密になり利便性が増え、同時にＡＩも進化する。ＡＩは既知のデータを学習することで多様な予測ができるようになるため、タイプとしては認知脳に近く、自他やその身体性がかかわる社会脳とは距離がある。一方、われわれがインターネット、ＡＩやＩｏＴの網に従属依存し、その利便性に安住してしまうことは、プロセス依存症という社会不適応に陥ることを意味する。ロボットやＡＩ機器が一定の親和性をもつようになれば、社会脳もそれに見合った適応をすることになるだろう。

さて、このような環境下の近未来の情報社会で、創造的に考えることができるＡＩやロボットはできるのだろうか？　現在の、アップルのＳｉｒｉなど秘書機能をもつ音声コミュニケーション・システムやＩＢＭの医療診断ＡＩシステムのワトソンは医療以外にも使えて、後述の米国のクイズ番組ジョパディでも勝ったという。これらは、ＡＩベースの社会ロボットの一種だといえるだろうが、本当の創造性を持ち得るだろうか？　われわれがロボットやＡＩをコントロールするのか、ロボットやＡＩがわれわれをコントロールするようになるのか、といった単純な見方でなく、人文社会的見方を取り込んだ融合社会脳の視点が求められ、Society5.0の入り口で改めてその行く末が論議されるべきだろう。社会適応を計算や思考の能力という流動的知性から見る立場からは、ＡＩとのワーキングメモリのような人間の知能の創発特性との違いに注目が集まっている。ビッグデータからのディープラーニングによる猫の視覚的概念の獲得を示したグーグルの猫の実験の成功以来、人間のワーキングメモリの推論し想像する流動性知能の創発性とＡＩの違いに注目が集まっている。このように、ＡＩが人間の知能の拡張といえるかどうかは、認知脳としてのワーキングメモリの脳内の仕組みについての新たな知見が必要であり、この点については、第Ⅱ部の知能のＦＩＴモデルでさらに考えたい。

第II部

9章　脳内ネットワーク

9－1　神経基盤に対するアプローチの変遷

第Ⅰ部では社会脳を中心に見てきたが、ここからは社会脳も視野に入れながら認知脳についても見てゆきたい。コネクトームでも、その考え方のベースとなっているネットワークから脳を捉えるという視点から見てゆく。まず、ネットワークとは何かについて見てみたい。脳はネットワークとして機能している。つまりわれわれの日常生活におけるほとんどの活動において、われわれの脳は特定の一部が働くのではなく、いくつもの領域が共同して働いている。この認識は、われわれの脳に関する理解において近年のブレインイメージングが多大な貢献をなしたことのひとつだといえる。第Ⅱ部では基本的には認知脳ネットワークを中心に、社会脳ネットワークも加えてネットワークの活動、ネットワーク間の競合と協調、ネットワークの個人差、そしてネットワークの障害について考えたい。認知脳ネットワークは図9－1に見られるように、基本的には脳の外側面の領域を中心とするが、ここでは認知能ネットワークの代表例としてワーキングメモリネットワーク（WMN）を取り上げる。また社会脳ネットワークは脳の内側面を中心とするが、その代表例としてはデフォルトモードネットワーク（DMN）を取り上げてみた[1]。

ブレインイメージングとは、すでに述べたように、ポジトロン断層法（PET）や機能的磁気共鳴画像法（fMRI）を中心とする脳科学の研究法のことをさす。ブレインイメージングの研究が始まったのは1980年代から90年代にかけてのことであるが、これは脳研究のみならず、人間の認識の研究においてパラダイムシフトともいうべき転換をもたらした[2]。ブレインイメージング以前の伝統的な認知心理学は情報処理パラダイムを基盤としている。情報処理パラダイムとは基本的には人間の心のコンピュータ・メタファーであり、人間は限られた処理資源をもつ情報処理システムとして捉えられる。

ここでは、反応時間や正答率または誤答率といった測度が使われてきた。その背景にある基本的な考え方は、差分法（subtraction methods）といわれるが、もし2つの認知過程に違いがあるならば、その違いは反応時間の違いとなって現れるというものだ。これはもともとドンダースというオランダの心理学者が提案したものだが、たとえば、単純反応時間（simple reaction time）と弁別反応時間（discrimination reaction time）を比較する場合を例にとって示してみたい（図9－2）。単純反応時間課題の試行では、単純な刺激（たとえば光点）が呈示

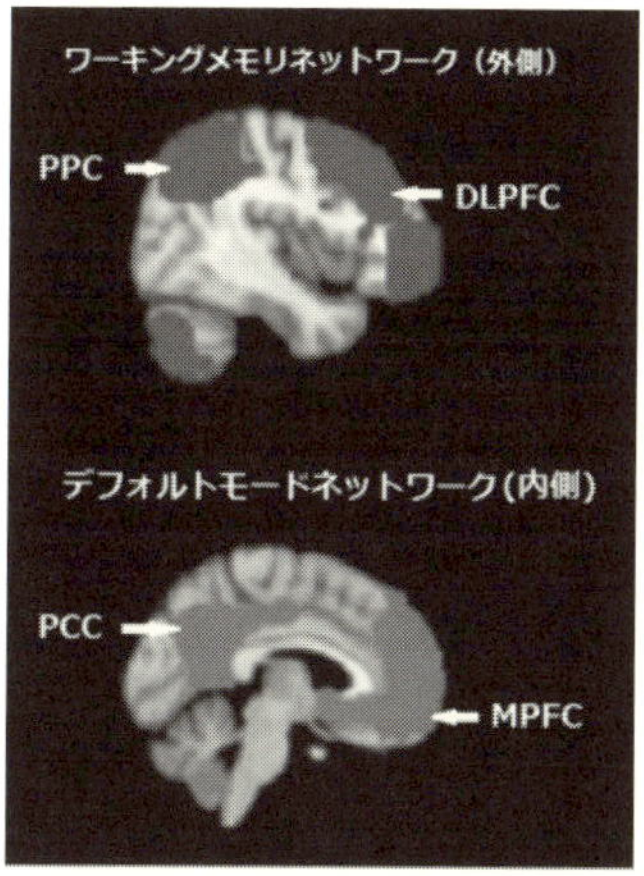

図9-1　ワーキングメモリネットワークとデフォルトモードネットワーク（Menon, 2011を改変）

ワーキングメモリネットワークの中核的領域は外側の背側前頭前野（DLPFC）と下頭頂葉（PPC）であり、またデフォルトモードネットワークの中核的領域は内側の前部前頭前野（MPFC）と後部帯状回（PCC）である。

（カラー図版は口絵参照）

[1] 認知脳ネットワークと社会脳ネットワークに関しては Lieberman (2013); Mars et al. (2012)

[2] 心理学の歴史において革命は何度か起きている。行動主義から認知心理学への移行は1950年代に始まり、認知革命と呼ばれるが、そのあたりのいきさつはハワード・ガードナー(Gardner (1987)) の『認知革命』に詳しいので、そちらを参照されたい。

され、それに対して1つの反応ボタンを押すことが要求される。この場合の認知過程としては、刺激の符号化とそれに対する反応からなる。これに対して、弁別反応時間課題の場合は2種類の刺激が呈示され、そのうちの一方に対してのみ反応することが要求される。たとえば、緑の光点が呈示されたら反応ボタンを押すが、赤の光点の場合はボタンを押さないという教示が与えられる。この場合の認知過程としては、刺激の符号化に続いて刺激の弁別が、そして反応が要求される。単純反応時間と弁別反応時間を比較すると弁別反応時間のほうが長くなるが、これは刺激の弁別という過程が加わったことによる。言い換えれば、単純反応時間と弁別反応時間の差は、刺激の弁別に要する時間なのだ。

この差分法という考え方は、実はブレインイメージングの基盤にもなっている。ブレインイメージングでは、ある課題中の脳活動を測定するのにコントロール条件中の活動と比較することが多い。ブレインイメージングは当初、医学や神経科学の分野で始まったが、すぐに認知心理学者の間にも普及したのは、ひとつには認知心理学者にとって差分法という考え方は、きわめてなじみの深いものであったことが挙げられる。

認知心理学は1950年代から1980年代の30年間にわたって人間の認識に関する理解を促進したが、いくつかの問題点も抱えていた。そのひとつは人間の認識に関する膨大なデータが蓄積されたのはいいのだが、必ずしもそれらを統合

	刺激入力段階	弁別段階	連動出力段階
単純反応課題	刺激入力		反応出力
弁別反応課題	刺激入力	弁別	反応出力

単純反応時間　＝　刺激入力　＋　反応出力

弁別反応時間　＝　刺激入力　＋　弁別　＋　反応出力

弁別時間　＝　弁別反応時間　－　単純反応時間

図9-2　ドンダースの差分法

単純反応時間は刺激入力と反応出力からなり、また弁別反応時間は刺激入力と反応出力に加えて刺激の弁別が含まれる。したがって、弁別反応時間から単純反応時間を差し引くと弁別に要した時間が得られる。

する理論が存在しなかったことにある。[3] 認知心理学の抱えていた限界の少なくともいくつかは、情報処理パラダイムの限界によるものであったと思われる。先述のように情報処理パラダイムとは人間の認知のコンピュータ・メタファーであるが、そこにおけるコンピュータはフォン・ノイマン型のものであり、すなわち情報を逐次順序処理するタイプのものであった。これに対して、人間の脳は非線形・並列処理システムだ。非線形システムとは処理段階、処理モジュール間において多くのフィードバックループが存在し、フィードバックに基づいて、当該の情報処理が常に修正されているようなシステムをさす。線形システムにおいては初期値とパラメターが決まれば結果が予測できるが、非線形システムにおいてはそうとは限らない。並列処理とは複数の処理を同時に行うことである。何かをしながら別のこともするのはわれわれが日常生活において頻繁に行っていることであるが、並列処理の好例であるといえる。たとえば、車の運転をしながら同乗者と会話をしたりラジオを聴いたりするとき、食事をしながら新聞や雑誌を読むとき、われわれは並列処理をしている。しかし運動系の出力に限界があるため（人間は手も足も2本ずつしかない!）、多くの場合はある時点で逐次処理に移行しなければならない（この並列処理から逐次処理への移行は、認知心理学では注意のボトルネックと呼ばれる）。そのため手、足、胴など別々に複数の動作を同時にさせることが罰ゲームにもなる。

従来の情報処理パラダイムのもうひとつの限界は、近年「身体化」(embodiment)、または「身体化された認知」(embodied cognition) と呼ばれる一連の研究の流れの中にも見てとれる。

[3] Newell (1994)

身体化または身体化された認知とは、要するに人間の認識がどのように身体性の中に埋め込まれているか、換言すれば、身体性がどのようにわれわれの認知に影響を及ぼすかを、または人間の認知を、身体と環境との関連の中で研究する立場であるといえる。[4] 第Ⅰ部で触れた自己身体の保持感や操作感も、身体化された認知に属する概念だ。つまり、われわれの知覚は行為のために存在し、われわれの認知は身体や環境との相互作用を通して成立するものであるとする立場だ。この身体化も従来の認知心理学では重視されてこなかったが、これも基本的には認知心理学がフォン・ノイマン型のコンピュータをモデルとするメタファー基づいていたことによると思われる。つい最近になるまで、コンピュータは与えられた情報を処理することはできても、運動機能をもたなかった。しかし、近年のロボット工学の進歩は目覚ましく、人間の運動機能のモデル化が進むにつれて、認知と運動の相互作用のもつ重要性が認識されつつあるといえる。

この身体化された認知という考え方、われわれの知覚は行為のために存在し、われわれの認知は運動や環境との相互作用を通して成立するものであるとする見方は、それほど新しいものではないし、他の研究者の考えにも見られる。たとえば、神経科学の分野においては、フュスターが感覚入力から運動出力をつなぐモデルを提案している（図9-3）。最下位にある多感覚（polysensory）から行為（act）をつなぐ経路は生理学的反射弧に対応していると考えられるが、そこではたとえば膝蓋腱反射などのように感覚と運動が直接的に結びついている。系統発生的に見た場合、多くの動物の行動はこれに基づいていると思われる。

[4] Wilson (2002)

行動主義はこの反射に基づいて学習を説明しようとした。たとえば、条件反射は生理学的反射弧に刺激‐刺激連合が追加されたものだといえる。たとえば、パブロフの古典的条件付けにおいては、食物と唾液の分泌という生理学的反射弧にベルの音と食物という刺激‐刺激連合が追加されたものだ。またオペラント条件付けは生得的に存在する刺激‐反応連合に対して、強化が加わることによって、刺激の弁別または般化が起こることに基づいている。人間の複雑な行動の基礎に生理学的反射があることは事実なのだが、単純な反射から複雑な行動に至る過程は線形ではないわけで、それが行動主義の説明がうまくいかなかった理由のひとつであると思われる。つまり生理学的（生得的）反射に基づいて後天的に学習された刺激‐反応の連合が成立するし、大きな単位としての行動は複数の刺激‐反応の連合からなるといえる。そして、それらの複数の刺激‐反応の連合の間には階層関係が存在するため、複雑な行動は単純な刺激‐反応の単なる加算的総和ではなく、複雑な相互作用に基づく、いわば創発的なものとなると考えられるのだ。さらに人間の発達では言語が介入し始めると、行動のコントロールが非常に複雑なものとなり始める。おそらく行動制御の構造において、ある種の相転移のような現象が起こることになるかと思われる。相転移とはたとえば、物質が固体から液体へ、さらには気体へと変化すること、またはその逆などに相を変えるとき、その性質も変わることをさす。たとえば、水は固体（氷）、液体（水）、気体（水蒸気）の間で物理的性質が異なる。フュスターのモデルで人間の行動のコントロールを考えてみても、言語の獲得はより上位のコントロール経路の利用を可能にするため、言語を獲得する以前のコントロールとは質的に異なったものとなると考えられる。

またフュスターのモデルと関連すると思われる他の心理学の理論としては、ピアジェの発達段階が考えられる。フュスターのモデルにおける最下位の経路は、ピアジェの感覚運動期に対応付けることが可能であろう。感覚運動期はピアジェの発達段階理論の第一段階であり、0〜2歳くらいの乳児期にあたる。この段階において、乳児は認識を感覚と運動の相互作用を通して獲得するとされる。たとえば目の前にあるものは手を伸ばして掴もうとし、手に持ったら口に入れようとする。これらの活動は最初は生得的反射に基づき、上位の表象を介さないが、次第に複雑化していく。その意味では、フュスターのモデルの最下層の多感覚から行為をつなぐ入出力系に対応していると考えられる。認識の発達はフュスターのモデルにおける下位の階層から上位の階層への移行と考えられる。人間の発達においても、特に段階理論（たとえば、ピアジェ）においては、各段階の移行は相転移であると捉えることができる。上位の段階に移行したとき、たとえば、ピアジェの発達段階理論における具体的操

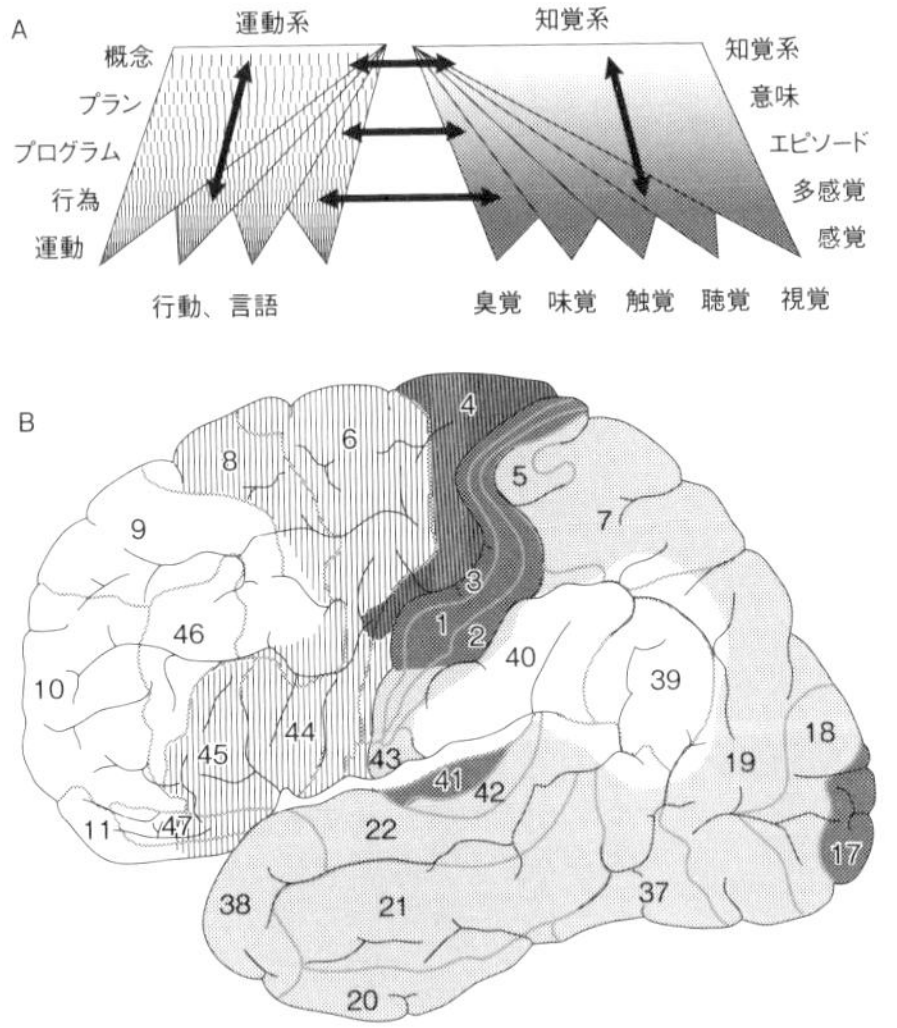

図9-3　フュスター(1997)のモデル(Fuster, 1997)

【A】情報処理の階層構造を表す。知覚系における情報入力は五感から始まってそれらが多感覚に統合され、さらに記憶などと結びつくことによって高次の概念に統合される。運動系における出力においては行動のプランが形成され、それがより細かなプログラムに分解され、効果器（手、足、口、舌など）を通して出力される。【B】それらの過程に対応した脳の領域。濃い青は感覚領域に対応し、白は頭頂および前頭連合野である。濃い赤は運動野である。（カラー図版は口絵参照）

[5] Gibson (1979). ギブソンの理論は情報処理パラダイムに則ったものではないし、したがってギブソンは厳密には認知心理学者ではない。むしろ認知心理学に対する批判者として存在したが、コーネル大学の同僚

作期から形式的操作期に移行すると抽象的思考が可能になり、目の前に存在しないものや抽象的な記号などを操作することができるようになる。したがって、行動のコントロールも具体的で直接的なものから抽象的間接的なものが可能になる。この相転移という概念は脳内ネットワークの発達と変容を考える際にも有用であると考えられるのだが、それについては後述する。

ギブソンのアフォーダンス[5]（affordance）の概念も、フュスターのモデルの最下層の入出力系に対応していると見ることもできるだろう。アフォーダンスは生体と環境の相互作用に基づく対象の機能的な知覚であるが、対象または環境がもつ属性であり、それに基づいて主体が対象に対してどのように働きかけるかが影響される。たとえば、椅子は座ることをアフォードするが、荷物を置くこともアフォードするし、天井の電球を交換するときは踏み台としてその上に乗ることもアフォードする。手ごろな大きさの石は握ることをアフォードし、それを投げたり、何かを打つのに使ったりすることができる。その意味では、アフォーダンスという概念を理解するには、石器時代人たちがどのように自然界に存在するものを利用したかを考えてみるのが役立つように思われる。ギブソンによれば、ある対象がどのような行為をアフォードするかはそのときの行為者の欲求、必要性、などによらず不変的であるとされる。

アフォーダンスという概念の面白さは、対象の機能的な知覚であるため、ほぼすべての生物の知覚に当てはめることができそうなことにあると思われる。通常、認知心理学では対象

であったナイサーに対し大きな影響を与えたことで認知心理学に対して大きな影響を与えた。

アフォーダンス（Affordance）というのはとても日本語に訳しにくい言葉のひとつのように思われる。研究社の新英和中辞典では「Afford」は（1）…する余裕がある、…ができる、（2）便宜などを与える、天然資源などを供給する、産するとある（「Affordance」は載っていない）。Merriam-Webster dictionary では「Affordance」は「the qualities or properties of an object that define its possible uses or make clear how it can or should be used」となっている。したがって、たとえばこの文脈では「椅子は座ることを可能にする」、または「椅子は座るという可能性を提供する」とでも訳せばいいのかもしれないが、少しニュアンスが違うように感じられる。アフォーダンスに関しては佐々木(1994)などを参照されたい。

の知覚というと、命名することが重要視されることが多いように思われる。しかし、われわれの日常生活において、命名は知覚のほんのわずかな部分でしかない。椅子との関連で例を考えるとすれば、たとえば、山にハイキングに行って、疲れてきたのでちょっと座って休みたくなってきた。そのとき、われわれは椅子を探すわけではなく、何か座れそうなところを探すであろう。それは木の切り株であっても構わないし、岩や大きな石であっても構わない。木の切り株だの岩だの石だのと、文章を書いていると名前を使わざるを得ないのだが、山道では木の切り株だからまたは岩や石だから座るのではなく、座れそうな形状をもっているから座るのだ。さらに動物たちは自然界の物体をうまく利用するが、もちろん命名することなどしないであろう。ヒョウが木に登って獲物を待ち受けるとき、ヒョウは「木」などという命名はおそらくしていないが、ヒョウにとって木は登ることをアフォードする。しかし、ゾウやキリンにとっては木は登ることをアフォードしない。

さてブレインイメージングはパラダイムシフトであると述べたのだが、それはコンピュータ・メタファーから生物学的なメタファー、またはブレイン・メタファーへの移行であるといえる。[6] つまり、今までは認知心理学においては人間の認識を考える際に逐次的な直列処理システムであるフォン・ノイマン型のコンピュータをモデルとしてきた。すなわち、人間の認知活動を考える際にコンピュータプログラムのようなアルゴリズムが存在することを前提としていた。ハワード・ガードナーの『認知革命』によれば1956年が認知心理学誕生の年とされるが、それは認知心理学に大きな貢献をした次の3つの出来事によるとされる。

[6] 心理学における心のメタファーの変遷に関しては、スタンバーグ (Sternberg (1990)) を参照されたい。

（1）ジョージ・ミラーの論文「Magical number 7±2」の出版、（2）チョムスキーの著書『文法の構造』による生成文法の発表、そして、（3）コンピュータ科学者たちがダートマス大学に集まった「ダートマス会議」において最初に人工知能という言葉が使われたこと、の3つだ。ジョージ・ミラーのマジカルナンバー7±2という考えは、われわれの短期記憶容量の限界をさすものとしてその後、幅広い影響力をもった。またチョムスキーの生成文法は言語学に革新をもたらし、チョムスキー以前と以後では言語学はまったく違ったものとなったし、心理学においても、それ以前は言語の研究は言語心理学と呼ばれていたが、生成文法の影響を受けた言語の研究は心理言語学という新しい分野を生みだした。

人工知能（AI）は決まったアルゴリズムに従わず、知識ベースと推論エンジンを持つことによって人間のように考えることのできるコンピュータ・システムである。人工知能の研究はハードウェアがフォン・ノイマン型の直列逐次処理コンピュータであった時代はその制約が大きかった。1960年代から70年代にかけて、さまざまなモデルとそれに基づく人工知能システムが発表されたが、どれも実用には不十分なものであった。人工知能のモデルにおいては人間の知識をどのようにコンピュータ上で表現するかが大きな問題のひとつであったが、そこで難しいのは、人間のもついわゆる「常識」の表現だ。たとえば、人間同士では次のような会話はまったく日常的に行われる。

A：「風邪ひいちゃったよ。」

B：どうして？」

Ａ：「昨日雨が降ってたのに、傘忘れちゃったからさ。」

しかし実は、これはコンピュータにとっては非常に処理しにくい会話の例である。「雨が降っているとき傘を持たずに外を歩くと、雨にぬれて体温が奪われ、結果として風邪を引くことがある」という論理の連鎖は、人間にとっては子どもの頃からの経験として持っているものであるため説明を必要としないが、コンピュータにはいちいち記述しなければ理解できないものである。そしてこのような例は限りなくある。換言すれば、コンピュータは数学的、論理的に整合性のある情報の処理は得意とするが、人間の日常的なおしゃべりのような会話の理解を苦手としてきた。しかし人工知能はハードウェア的に並列分散処理が可能なコンピュータによって、さらに発展した。１９９７年には、ＩＢＭのコンピュータ・システムである「ディープ・ブルー」が当時のチェス世界チャンピオンに勝った。続いて２０１１年にはＩＢＭが作った「ワトソン」という人工知能システムが、アメリカの人気クイズ番組「ジョパディ！」で優勝した。

コンピュータシミュレーションに基づくもうひとつのアプローチに、「ニューラルネットワーク」がある。この言葉は現在では少し紛らわしい。なぜならこの言葉は、もともと脳機能をシミュレートするコンピュータプログラムをさしていたからである。１９５０年代にローゼンブラットは入力層と出力層の２層からなるパーセプトロンというモデルを提案した。しかしマービン・ミンスキーとシーモア・パパートは１９６９年に『パーセプトロン』という本を著し、２層からなるパーセプトロンは、たとえば排他的論理和（Exclusive OR）

［7］ニューラルネットワークで出力の属性の分類ができない問題。

［8］Chomsky, N. (1957); Miller, G. A. (1956); McClelland, J. L., Rumelhart, D. E., & PDP Research Group. (1986); Minsky, M. L. & Papert S. A. (1969); Rosenblatt, F. (1958)

マービン・ミンスキーは当時

のような単純なものであっても、線形非分離な問題[7]を解けないことを証明した。その結果としてニューラルネットワークの研究は一時衰退する。しかし１９８６年にラメルハートとマクレランドは、パーセプトロンに中間層を加えれば線形非分離問題も解けることを示し、並列分散処理（parallel distributed processing）モデルを提案した[8]（図９－４）。

しかし、現在は人間の認識を考える際に脳をモデルとするように変化してきている。つまり、人間の認知活動において脳のどの部分が互いに競合し、また協調しながら活動しているかという視点が中心になっていくと思われる。もっとも脳は情報処理の主体そのものであるため、従来のメタファーとは意味が少し異なるかもしれない。

９－２　機能的結合性

しかし、このような脳活動の測定においては第Ｉ部で述べたように、ブレインイメージング（ＰＥＴやｆＭＲＩ）で、ある課題を遂行中に脳のどの領域が活動しているかということの判定は、たとえば安静時の活動レベルなどをベースラインとして、それと課題をおこなっている際の統計的な誤差が問題になる。たとえば、ある領域の活動が統計的に有意とされるレベルに達しなかった場合は、その領域はその課題においては何もしていないと判定される。これは統計的にはタイプⅡエラー（差があるのに、たまたま統計量が統計的閾値に達しなかったために差が

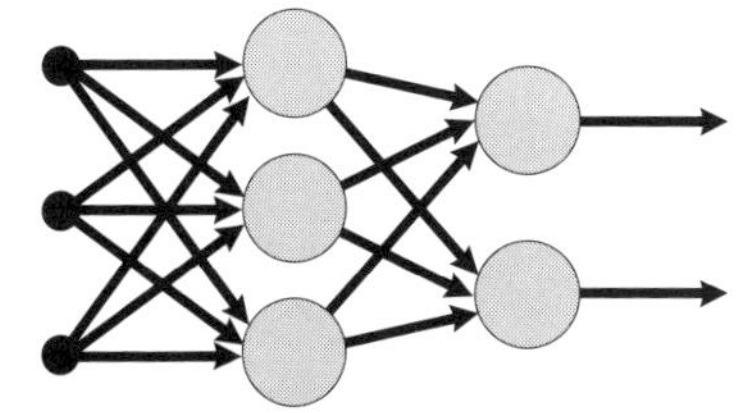

図９-４　ニューラルネットワークのモデル
ここに示したモデルは入力層、中間層、出力層の3層からなる。入力層と出力層の間に中間層を加えることによって排他的論理和などの線形非分離な問題も解くことができる。

の人工知能とニューラルネットワークを比較した場合、ニューラルネットワークには彼自身が「パーセプトロン」で批判したような限界があるため人工知能の研究を自分のテーマとして選んだとされる。シーモア・パパートは「ロゴ」というタートルグラフィックスのプログラムの開発者である（Papert (1980)）。

ないと判定されること）の可能性があり、その領域は何もしていないとは限らない。機能的結合性が提案された背景にはこのような問題があった。機能的結合性は、このような場合の脳領域の活動の判定に別の指標を提供する。つまり、たとえ領域Aの統計値が閾値に達しなくても、その領域Aの脳活動の時間的変動のパターンが、活動していると判定された他の領域Bの活動の時間的変動のパターンと十分に高い相関を示すなら、その領域Aはその課題の遂行において何らかの役割をもっていると考えられるということである。これは第I部で見たNCCともかかわる問題だ。

　機能的結合性はその名のとおり脳の領域間の機能的な関係だけを問題にし、2つの領域間の関係がどのように仲介されているかは問わない。すなわち、2つの領域間には直接的な神経結合があるかもしれないし、複数の領域を経由しての関係であるかもしれない。そこにおける前提は、前述のようにもし2つの領域がある課題の遂行に共同して活動しているのであれば、それらの領域は時間的に同期した活動を示すはずであり、したがってこれらの部位の活動の間には時間的な変化に関して高い相関が見られるはずだというものである[9]（図9－5）。

　脳活動の測定におけるこれらの指標は、2つの異なった側面を測定していると考えられる。活性化のマッピングは機能的分離（functional segregation）、つまりある認知活動においてどの領域が主に関与しているかを測定するものであり、機能的結合性は機能的統合（functional integration）、すなわちどのような領域が共に活動することによって

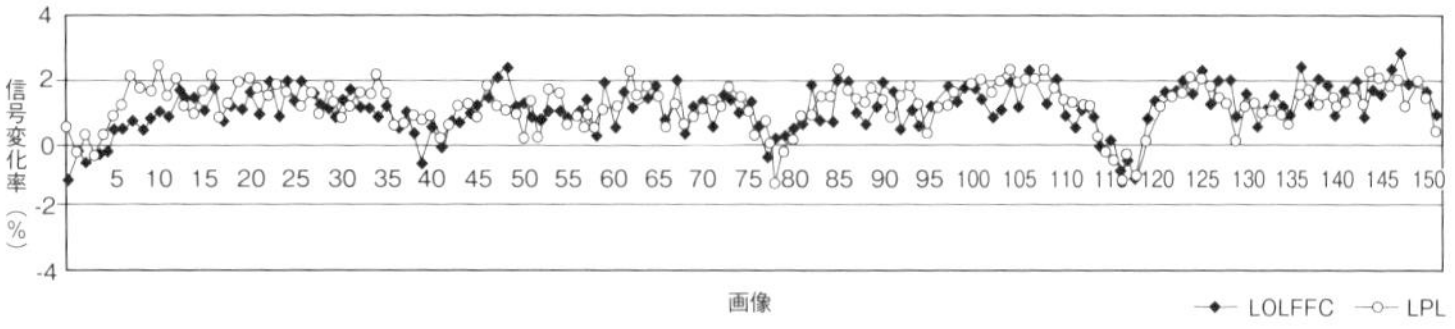

図9-5　機能的結合性の例

この図では左背側前頭前野（LDLPFC）と左下頭頂葉（LIPL）の活動が画像（時間軸）に沿ってどのように変動しているかを示している。このデータにおいてはLDLPFCとLIPLの時間軸に沿った活動のパターンは非常に似ており、機能的結合性（functional connectivity）が高いことを示している。

ネットワークを構成しているかを測定する。さらに近年では、より複雑な認知機能は複数の大規模ネットワーク（large-scale network）がダイナミックに競合したり協調したりすることによって遂行されていると考えられるようになってきた。

[9] Friston (1994); Horwitz et al. (1998); McIntosh & Gonzalez-Lima (1994)

9-3　構造的ネットワーク

今までは機能的な脳内ネットワークの話をしてきたのであるが、脳内ネットワークに対するもうひとつの見方として、構造的なネットワークが考えられる。そしてもちろん、機能的なネットワークは構造的なネットワークの基盤なしには成立しない。ここでいう構造的なネットワークとは、文字通り解剖学的なニューロンの結合のことをさす。脳がニューロンから成り立っていることは19世紀末から20世紀はじめにかけて、ラモン・イ・カハールやカミーロ・ゴルジらによって発見された。染色法を発見したのはゴルジだが、彼は脳が1つの神経細胞のつながりであるとする網状説を唱えていた。カハールは神経系は独立したニューロンという単位から構成されているとするニューロン説を主張した。個々のニューロンが別個の独立した存在であることは、ずっと後になって電子顕微鏡によって始めて確認される。したがって、カハールは当時の光学顕微鏡の精度では見えないはずのシナプス間隙が見えていたのかもしれない。脳内ネットワークの構造は解剖学的に調べられるが、現在ではこのほかにもたとえば、拡散テンソル画像（Diffusion Tensor Imaging：ＤＴＩ）などの手法を用いて研究される。拡散テンソル画像はＭＲＩの手法の一種であるが、水分子が神経束に沿って拡散する性質を画像化したものである。

人間の脳においては、脳内ネットワークが成熟するのに20年くらいかかる。最も早いのは感覚領域であり、最も遅いのは前頭前野を含む前頭連合野である。ニューロンの発達はいくつかの段階に分かれる。最初に神経幹細胞からニューロンが生成され（neurogenesis）、ニューロンはそれぞれの目的地に到達した後（migration）、軸索（axon）や樹状突起（dendrite）が形成される。そして軸索の末端（presynaptic terminals）が分かれて延び、他のニューロンとの間にシナプス結合を形成する（synaptogenesis）。ニューロンはシナプスを介して他のニューロンとの間の情報伝達を行うが、この頻度が脳内のニューロンのネットワークの形成に影響する。すなわち他のニューロンとの間の情報伝達が頻繁に起きるほどそのネットワークは強固なものとなっていくのに対して、他のニューロンとの間にシナプス結合を形成しなかったニューロンや情報伝達に関与しないシナプスは死滅していく。このプロセスを「刈り込み（pruning）」と呼ぶ。その後、軸索が髄鞘（ミエリン鞘：myelin sheath）によって覆われるというプロセス（myelination）を経て、脳内のニューロンのネットワークは成熟する。髄鞘は絶縁性であるため、軸索が髄鞘で覆われると信号の伝達が高速化し、また信号の減衰が低下する。

解剖学的な知見に基づいて、脳内にはいくつかの大きな神経束があることが知られている。たとえば、右半球と左半球をつないでいるのが脳梁である。かつてはてんかんの治療のために脳梁を切断するという手術が行われたが、その患者は分離脳となる。分離脳の患者は左右の半球間で情報の伝達が無いため、両半球はそれぞれもう一方が何をしているかを知らないことになる。分離脳の研究はロジャー・スペリーやマイケル・ガザニガによって発展させられたが、左右の半球機能差の理解に対して多大な貢献をした。このほかにも長い連合繊維と短い連合繊維がある。長い連合繊維の中で前頭葉と後頭部（頭頂葉、側頭葉、後頭葉）をつないでいる繊維の主要なものに上縦束（superior longitudinal fasciculus）、弓状束（arcuate faciculus）などがある。短い連合繊維は、近接する脳回をつないでいる。

解剖学的ネットワークに関して、すでに述べたコネクトーム・プロジェクトが進行しているが、これは人間の神経回路の詳細な地図を作成する試みだ。[10] 神経回路の地図はＣ・エレガンス（C.elegans）という線虫では完成している。Ｃ・エレガンスは３００ほどのニューロンと２５００ほどのシナプス結合をもつが、そのすべてが記述されている。さらに最近では、脳内ネットワークはスモールワールドネットワーク（small world network：ＳＷＮ）として研究されるようになってきているが、これについては後述したい。

[10] たとえば、Hagmann et al. (2008); Seung (2012); Sporns (2012)

9-4　安静時ネットワークの概観

さて、何らかの認知活動をしている際にそれに関係する脳の領域がネットワークとして活動するということはわかりやすいかと思うが、最近の研究によれば第Ⅰ部で述べたように、脳内には休息中のように特に何もしていないときにも同期している、いわゆる安静時ネットワーク（resting state network：ＲＳＮ）が存在することが明らかになってきた。つまり、われわれが休んでいるという主観的な体験は、脳が休んでいるという意味にはならない。われわれはぼんやりしているときや眠っているときには脳が活動しているという主観的体験をもたないが、実際は、脳は活動しているのだ。ちなみに安静時ネットワークとは安静時にしか活動しないという意味ではなく、課題の要求によっては課題遂行時にも活動するし、むしろ課題遂行時のネットワークは安静時ネットワークを基盤として形成されると思われる。すでに述べたように、白色光がたとえば７色の虹の色に分光されるように、安静時ネットワークはさまざまな色合いをもつ意識のプロトタイプを潜在的に形づくっているといえる。７色を互いに混ぜることでさまざまな色合いが生まれるように、さまざまな認知と行動がネットワークの活動の調整によって実行されるのである。また、ＲＳＮは特に課題を課さない個人からも短時間で測定できるので、心的障害などの診断に有効に使えるバイオマーカーとしてその活用も期待されている。

課題遂行時のネットワークは当然のことながら、課題や課題解決方略に依存する。これに対して、安静時のネットワークは課題に対する依存度は少ないと思われる。したがって安静時ネットワークは、脳内におけるより固有で本質的なネットワークであると考えられている。

現在のところわかっている主要な安静時ネットワーク（ＲＳＮ）としては、以下のもの

[11] たとえば、Bressler & Menon (2010); Cole et al. (2014); Damoiseaux et al. (2006); Deco & Corbetta (2011); De Luca et al. (2006); Meunier et al. (2009); Seeley et al. (2007); Toro et al. (2008); van den Heuvel & Hulshoff Pol (2010)

[12] これらのネットワークに関してはたとえば、Buckner et al. (2008); Corbetta & Shulman (2002)、Menon (2011) Raichle

が挙げられる。[11] ワーキングメモリネットワーク（working memory network：ＷＭＮ）あるいは実行系ネットワーク（executive control network）は、外側前頭前野（lateral prefrontal cortex：ＬＰＦＣ）や下部頭頂葉（inferior parietal lobe：ＩＰＬ）を中心とし、さまざまな高次認知機能に関係する（図９－１）。背側注意ネットワーク（dorsal attentional network：ＤＡＮ）は、前頭眼野（frontal eye field：ＦＥＦ）や上部頭頂葉（superior parietal lobe：ＳＰＬ）を中心とし、視空間的注意に関係し、仕事に集中するための注意の働きを高める。デフォルトモードネットワーク（default mode network：ＤＭＮ）、これは内側前頭前野（medial prefrontal cortex：ＭＰＦＣ）、後部帯状皮質（posterior cingulate cortex：ＰＣＣ）、下部頭頂葉（inferior parietal lobule：ＩＰＬ）などを中心とし、主に自己参照機能や社会的情報処理など、他者や社会についてのさまざまな想像を自由に働かせる際に活動をするが、高次認知機能に際しては活動の低下を示す場合もある。

リーバーマンはこれらを何もしていないときにオンになる社会的思考と何かしているときにオンになる非社会的思考と呼んでいるが、[14] 前者は他者の心を想像して社会性を育て、後者は目前の課題を解く論理的思考だと考えればよい。このように、脳は常に動的な平衡を保持するシーソーシステム（第Ⅰ部、図２－１）と思われる。ＲＳＮではＤＭＮ、ＷＭＮやその他のネットワークが次の仕事を予測して準備しているのだ。ＤＭＮとＷＭＮの活動は一方が活動しているときは他方の活動が弱まっている、というような相反的な関係にあるが、ある課題を準備しているような状態では双方が働いている。[15]

et al. (2001) などを参照されたい。

[13] Raichle, (2011)

[14] Liebermann (2013)

[15] Koshino et al. (2013)

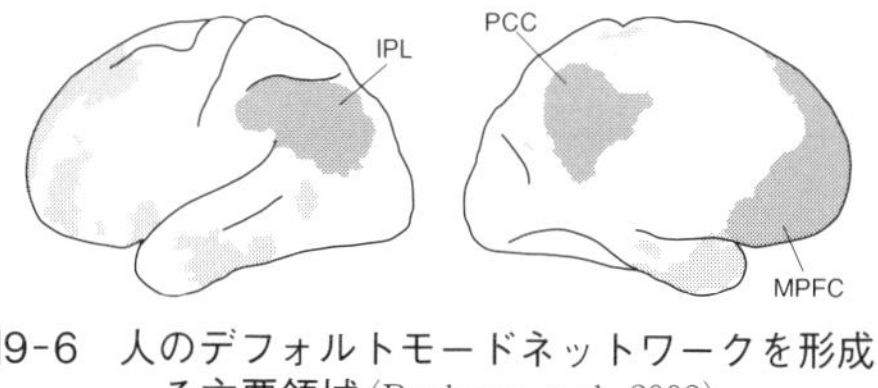

図9-6　人のデフォルトモードネットワークを形成する主要領域（Buckner et al., 2008）

MPFC：前頭前野、PCC：後部帯状皮質、IPL：後部頭頂小葉

そして、顕著性ネットワーク（saliency network：SN）、これは前部島皮質（aIC）と前部帯状皮質（ACC）を中心とし、内的、外的情報の顕著性を検出することで脳内ネットワーク、特にDMNとWMNの間の切り替えに関与するとされる。[12]これ以外にも局所的なネットワークとして視覚ネットワーク（primary visual cortex）、外線状皮質（extra-striate cortex）、第一次運動野（primary motor cortex）などにも安静時ネットワークが存在するとされている。局所的ネットワークとしては感覚運動野（sensori-motor cortex）や聴覚ネットワーク（auditory network）などを挙げる研究もある[13]（図9−6、9−7）。

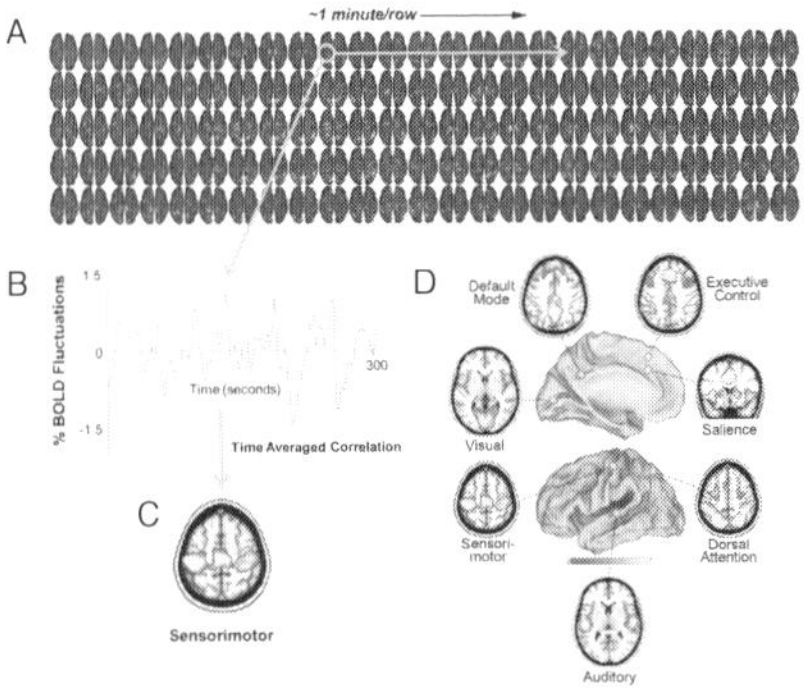

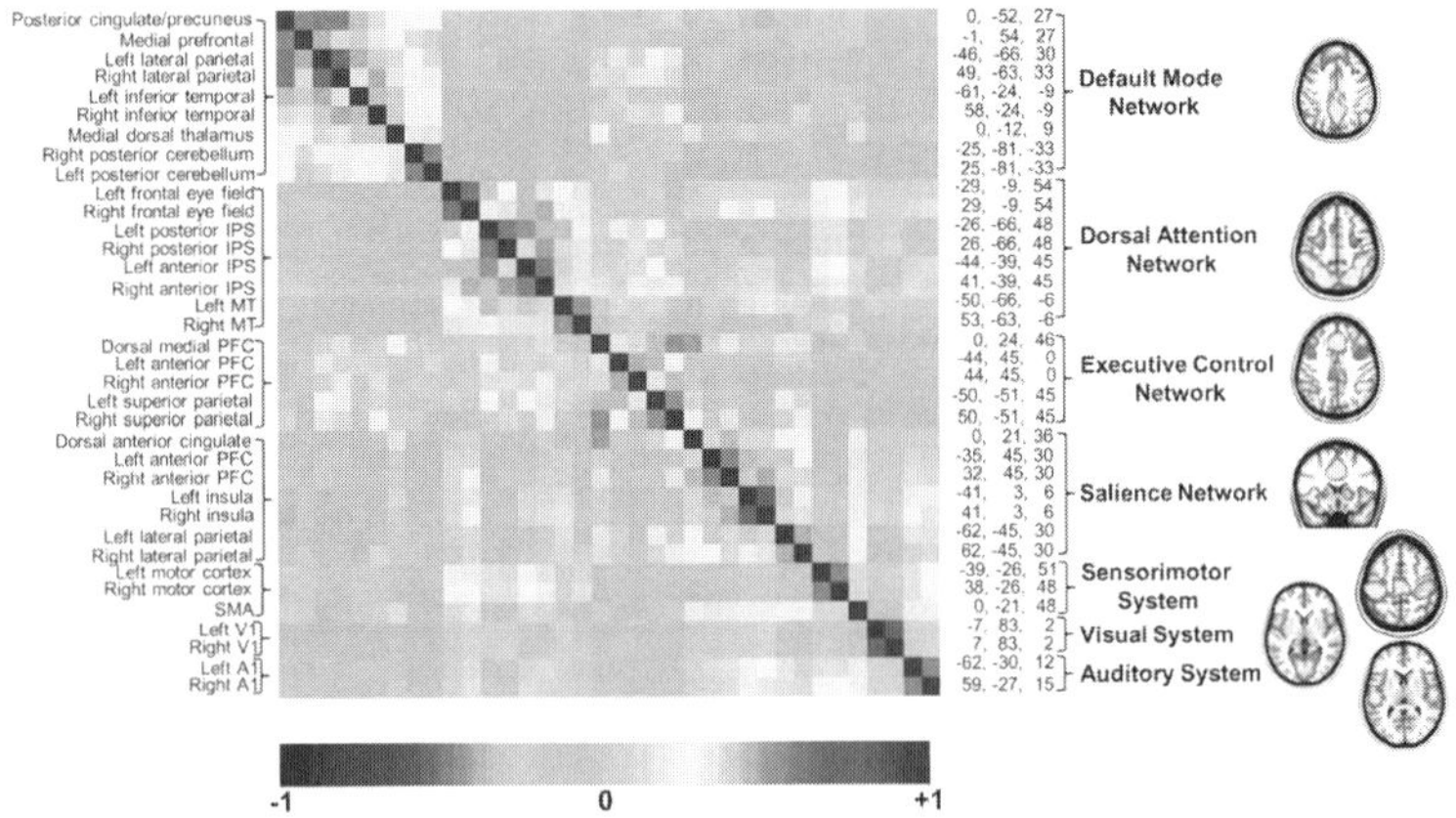

図9-7　安静時ネットワーク（RSN）の一例（Raichle, 2011）

【A】安静時状態での一人の脳の5分間の変動パターン、【B】脳の活動（BOLD信号）、【C】BOLD信号の時間的変動が似たパターンを示す領域がネットワークを形成している（ここでは感覚運動領域）、【D】取り出された7つのネットワーク。下は変動パターンの相互相関から導かれたネットワーク（赤が高い相互相関をもう領域を示す）。（カラー図版は口絵参照）

10章　認知脳ネットワーク

10―1　ワーキングメモリ

われわれが何らかの課題を遂行しているときには脳内の異なった領域が共同して、つまりネットワークとして活動する。たとえば、学校で講義を聴いているとき、先生は伝統的には黒板に講義の要点や、時によっては図表などを板書し（もっとも、最近ではパワーポイントなどを使うほうが多いかもしれないが）、またそれらについての説明を口頭でする。そのとき黒板またはパワーポイントの情報は視覚的に呈示されているし、先生の説明は聴覚的な情報である。したがって、講義を聞いている学生としては、視覚的情報処理のため後頭葉が活動し、また聴覚的情報処理のため側頭葉（特に聴覚野とウェルニッケ領）が活動している。さらに視覚情報と聴覚情報を統合するために下頭頂葉が活動し、また今説明されている内容を過去に学習したことと照合するために長期記憶に関係する前部側頭葉などが活動している。そして説明を理解するためにワーキングメモリの中核となる前頭前野が活動する。したがって講義を聴いているときはこれらの領域が協調して、ネットワークとして活動していると考えられる。ノートをとる場合はさらに運動前野、運動野が加わる。

ワーキングメモリは元来は認知心理学における記憶研究の流れの中でバッドレーとヒッチによって提案された概念であるが、近年では認知心理学を超えて、教育心理学や臨床心理学などの領域でも応用されている。そのため分野や研究者によって定義に違いが生じている。しかし、基本的にはワーキングメモリとは認知活動に必要な情報を一時的に貯蔵し、またその情報をある目的のために操作するメカニズムである。バッドレーとヒッチのオリジナルなモデルによれば、ワーキングメモリは3つの構成要素からなる。言語情報処理のための音韻ループ（phonological loop）、視空間情報処理のための視空間スケッチパッド（visuospatial sketchpad）、そしてそれらを統合する中央実行系（central executive）である。さらにバッドレーは近年エピソードバッファー（episodic buffer）という従属システムを追加している（図10－1参照）。

音韻ループは受動的な言語情報の貯蔵（phonological store）と能動的なリハーサル過程（rehearsal process）からなる。音韻ストアは音韻コードで言語情報を表象する。たとえば、誰かに電話をかけようとしてその番号を一時的に覚えること、買い物のリストを覚えることなど、われわれは日常的に音韻ストアを使用している。この場合、覚える情報量が多くなると簡単には覚えきれなくなるし、また記憶した表象は時間とともに減衰したり、新たな情報からの干渉を受けたりする。したがって忘却を防ぐためには復唱しなければならなくなるが、これがリハーサル過程であり、そこでは音韻ストア内で消失しかけている表象を復唱することによって再活性化させる。視空間情

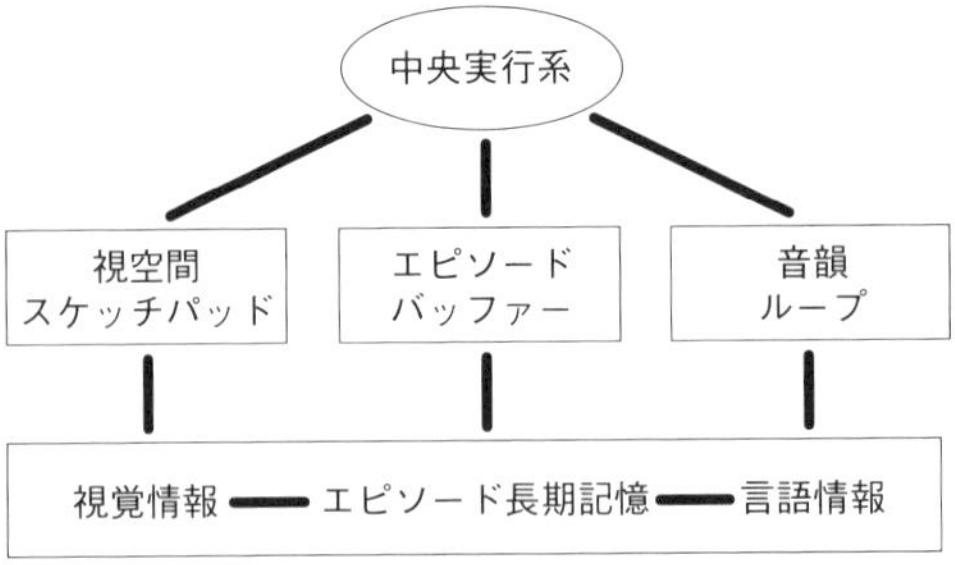

図10-1　ワーキングメモリモデル（Baddeley, 2000）

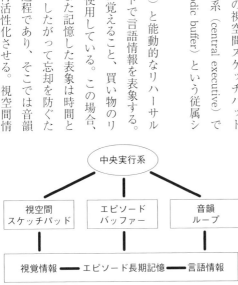

報も、実は同じようにして貯蔵されると考えられる。たとえば、初めて入った美術館の中で、どこに何の展示があって、またレストランや売店などの場所を視覚的に覚えておこうとするとき、われわれは空間情報を処理している。空間情報の貯蔵は脳の後頭部の、知覚過程に対応している領域の活性化によるとされる。

それでは空間情報を忘れかけたとき、リハーサルはどのようにおこなわれているのだろうか？　言語情報のリハーサルはいつもやっていることだけに直感的に理解しやすい。電話番号なら456－1278などと復唱すればいい。しかし空間情報は言語のように復唱することはできないし、すべての空間情報が言語化できるとも限らない。ジョニダスらによれば、空間情報のリハーサルは空間的表象に対して注意を継続して向けることによって行われるとされる。[1] たとえば、美術館のレイアウトの画像を心の中で繰り返し思い出そうとするような活動であるといえる。エピソードバッファーは、視覚や聴覚など異なった入力モダリティからの情報や長期記憶からの情報を統合したものを一貫したエピソードとして表象するとされる。

バッドレーのモデルにおいては音韻ループ、視空間スケッチパッドとエピソードバッファーは従属システム（slave system）と呼ばれ、中央実行系のコントロールを受けるとされる。中央実行系はワーキングメモリーシステム全体のコントロールにかかわるが、基本的には課題の需要に応じて従属システムを制御したり、長期記憶内の表象の活性化したり、注意資源を分配するシステムであると考えられる。中央実行系は認知心理学や認知神経科学な

[1] Jonides et al. (2005)

どの分野で研究されてきた実行系機能（executive functions）との関係が深い。実行系機能に何を含むかというのは研究者間で見解が分かれるのだが、基本的には、すでに触れたように、（1）課題準備などを含むプランニング（planning）の機能、（2）記憶内容や表象の更新（updating）、（3）注意資源の配分または注意の焦点の移動（shifting）、そして（4）表象の活性化や不適切な反応の抑制（inhibition）などが含まれると考えられる。[2]

[2] Baddeley (2012); Miller & Cohen (2001); Miyake et al. (2000)

10-2 ワーキングメモリネットワーク

ワーキングメモリネットワーク（WMN）は、主に外側前頭前野（LPFC）および後部頭頂葉（PPC）を中心とし、情報を保持しながら操作を行うという機能や、プランニング、更新、注意の配分、抑制といった実行系機能に関係する。[3] WMNは前頭-頭頂ネットワーク（frontal-parietal network：FPN）、実行系ネットワーク（executive network）などとも呼ばれるが、これらは基本的には非常に共通性が高いため本書ではワーキングメモリネットワークに統一する（図9-1）。

[3] ワーキングメモリとその脳内表現については、たとえば、Baddeley (2012); Osaka et al. (2007); 苧阪 (2000); 苧阪 (2008); Smith & Jonides (1999) などを参照。

WMNを構成する脳領域は基本的には共同してワーキングメモリ機能を実現しているのであるが、細かく見ていくと領域によって機能が異なる。大きな区分としては、まず言語情報と視空間情報の違いがある。言語情報の処理は左半球が優位であるのに対して、視空間情報の処理は右半球が優位である。[4] 先述のバッドレーのモデルと対応させてみると、音韻ループ

[4] たとえば、Owen et al. (1998); Smith & Jonides (1999)

に関係した脳領域は左半球にあり、貯蔵には主に下頭頂葉が対応していると考えられる。しかし後頭部脳領域は保持機能をもたないために、その表象は時間の経過につれて減衰する。そのために前述のようにリハーサルが必要となる。リハーサルにおいては腹外側前頭前野の一部である下前頭回と下頭頂葉が共に活動する。下前頭回はブローカ野（運動性言語中枢）であり、また下頭頂小葉は感覚連合野であるので、言語的な入力情報を音声コードとしてリハーサルするのにこの2つの領域が共同すると考えられる。視空間スケッチパッドに対応した脳領域は主に右半球にあり、すでに第I部でも紹介したように、空間的情報は後頭葉から頭頂葉に至る背側経路で、また物体に関する情報は後頭葉から側頭葉への腹側経路で処理される。空間情報のリハーサルは注意の継続的な焦点化によって行われるが、これは外的環境に対して選択的注意を配分するのを司っているのと同じ前頭葉、主に前頭眼野（frontal eye field）と補足眼野（supplementary eye field）、および頭頂葉の領域（主に上部頭頂葉）によって行われているとされる。[5]

[5] たとえば、Jonides et al. (2005); Kastner & Ungerleider (2000)

10-3　中央実行系機能

中央実行系の機能に関しては研究者間で見解が分かれるものの、多くの場合プランニング、記憶内容の更新、注意の移動、そして抑制などが含まれる。今までの研究は実行系機能に関しては前頭前野（特に背外側前頭前野（DLPFC）、腹外側前頭前野（VLPFC）、前部帯状皮質（ＡＣＣ）など）が深くかかわっていることを示唆している。また、それらの前頭葉領域を損傷すると、さまざまな実行系機能課題において障害が現れる[6]。

プランニング（planning）に関しては、たとえば、ハノイの塔課題やその変形であるロンドン塔課題やケンブリッジの靴下課題を用いた研究が多い。ハノイの塔課題とは図10－2に示したように、３本の杭と、中央に穴の開いた大きさの異なる何枚かの円盤（たとえば3枚）が使用される。最初はすべての円盤が左端の杭Ａに大きいものを下にして大きさの順に積み重ねられている（上図）。この課題の目的は下図のように杭Ｃに円盤を移動させることにある。その際のルールとしては円盤は1回に1枚ずつ隣の杭に移動させることができるが、小さな円盤の上に大きな円盤を乗せることはできない。この課題では、実験参加者は初期状態からゴールに至るためにはどのように円盤を動かせばよいかのプランを立てることが要求される。ブレインイメージングの研究によれば、ハノイの塔課題を遂行中は背外側前頭前野、腹外側前頭前野、前部帯状皮質、頭頂葉、前運動野などを中心とした領域の活動が報告されている[7]。

記憶内容の更新（updating）に関しては、たとえばＮ－バック課題などがよく使われる[8]。Ｎ－バック課題においては一連の刺激（文字、物体、顔など）が順番に、視覚的または聴覚的に呈示され、実験参加者は現在呈示されている刺激がＮ回前の刺激と同じかどうかを答えることが要求される。Ｎは０、１、２、３、程度まで操作されるが、Ｎが増えるほど記憶の負荷が増える。たとえば、文字の２－バック課題では、アルファベットが1文字ずつ

［6］たとえば、Kolb & Whishaw (2003)

［7］たとえば、Dagher et al. (1999); Fincham et al. (2002)

［8］Ｎ－バック課題については、Owen et al. (2005) のレビューを参照されたい。

「L、V、S、V、H、D、K、T、K」のような順序でコンピュータスクリーン上に呈示される。この場合実験参加者は2個目のVとKのところで反応することが要求される（図10－3）。N－バック課題においては、実験参加者は刺激を保持し、それを現在スクリーン上に呈示されている刺激と照合し、必要によっては反応し、記憶内容を更新するという活動を繰り返すことになる。たとえば、上記の例の場合、まずLを保持し、次にVを記憶する。この時点で記憶内容は「L、V」となっている。3つ目の刺激Sが呈示された時点でそれを最初の文字と照合する。この場合は2つの文字は異なっているため反応はしない。そしてLを捨ててSを追加し、記憶内容を「V、S」と更新する。次のVが呈示された時点で、それは記憶しているリストの最初のVと同じであるため反応キーを押すことになる。N－バック課題においては、基本的にはこの操作を繰り返すことになる。0－バック条件の場合は、ターゲットの刺激があらかじめ呈示され、実験参加者はその刺激が提示された場合に反応することが要求される。1－バック条件の場合は、現在の刺激と直前の刺激が同じであった場合に反応が要求される。N－バック課題に関係している脳領域としては前運動野、前部帯状皮質、背外側前頭前野、腹外側前頭前野、前頭極、そして頭頂葉が活動することが報告されている。

注意の移動（shifting）は2つ以上の異なった認知過程が並行する場合に、その間で注意または処理資源を分配する機能である。したがって、たとえば、二重課題（dual task）は注意の移動を必要とする課題の典型的な例だ。二重課題においては、実験参加者は2つの異なっ

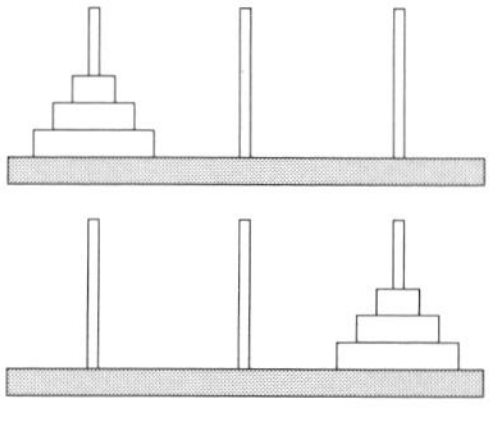

図10-2　ハノイの塔（カラー図版は口絵参照）

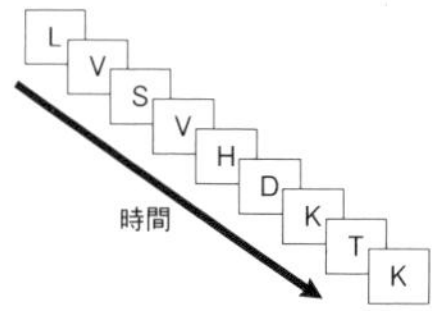

図10-3　N-バック課題
この場合、実験参加者は2個目のVとKのところで反応することが要求される

た課題を同時にまたは継時的に遂行することが要求される。たとえば、ワーキングメモリスパン課題（リーディングスパン（RST）、オペレーションスパン（OST）など）は、情報の保持と操作を含んだ二重課題となる。[9]

よく使われるワーキングメモリ課題に、リーディングスパン課題（reading span task：RST）があるが、ここでは文章理解課題と記憶課題がセットとなって同時に遂行される。実験参加者は文章を読んでそれに対する正誤判断（たとえば意味判断や統語判断）を行い、文章の中の傍線を引かれた単語（英語版では最後の単語）を記憶する。たとえば、「ドライアイスは氷菓子を冷やすのにちょうどよい。」という刺激文に対しては、文の意味判断を行って、傍線の引いてある氷菓子という単語を記憶する。[10] これが1つのセットである。このセットが何度か（2セットから5セットくらい）繰り返された後で、すべての単語を再生することが要求される。セットの数が2の場合は記憶する単語の数も2であるため、記憶の正答率は高い。これに対してセットの数が4、5、と増えていくにつれて正答率が低下する。ここにおいて正答できた単語の数がワーキングメモリスパンとして使用される。

もうひとつよく使われるワーキングメモリスパン課題に、オペレーションスパン課題（operation span task：OST）がある。これも処理課題と記憶課題からなる二重課題であるが、リーディングスパンと違うのは処理課題が算数の単純計算問題であることである。たとえば、「2×5−3＝7? 〝科学〟」というセットが呈示された場合、実験参加者は計算問題を解いて、最後の「?」のところで正誤判断をする。この例では計算の答えが「7」ならば

[9] リーディングスパン課題はダネマンとカーペンター (Daneman & Carpenter (1980)) によって開発された。「ドライアイスは氷菓子を冷やすのにちょうどよい。」の例文は苧阪・苧阪 (1994) による。オペレーションスパン課題 (Turner & Engle (1989)) もよく使われる。

[10] 苧阪・苧阪 (1994)

「正」、それ以外なら「誤」と反応する。その後で「科学」という単語を記憶したうえで、次のセットを遂行する。一般的に、ワーキングメモリスパンの高い人たち（高スパン群）は低スパン群に比べて、さまざまな認知課題において好成績を示すことが知られている。ワーキングメモリスパン課題に関係した脳領域としては、中心となるのは言語情報の場合は左の、空間情報の場合は右の背外側前頭前野、前部帯状皮質、そして下部頭頂葉である。

２つの操作課題を用いたｆＭＲＩの研究にデスポジトらによるものがある。[11] 彼らはメンタルローテーション課題と意味分類判定課題とを用いた。メンタルローテーション課題においては、小円と一辺が二重線となっている四角形を刺激とし、２つの四角形の間で二重線に対する小円の位置が同じであるかどうかを判定することが要求された。意味分類判定課題は、刺激単語があるカテゴリーに属するかどうか（たとえば「バナナは果物に属するか」）の判定を下すことが必要とされた。また被験者はメンタルローテーションと意味分類判定とを単独（単独条件）および同時（二重課題条件）に行った。結果は、背外側前頭前野における活性化が二重課題においてより高かったため、彼らは背外側前頭前野が二重課題における処理資源の分配等を含む課題管理に関係しているとした。

タスクスイッチングは２つの課題を１つずつ継時的に行う二重課題であるが、そこにおいては被験者はそれぞれの課題のセットを構成し、それらをワーキングメモリに保持する。そして、２つの課題のうちどちらを遂行するかの指示（スイッチと呼ばれる）に従って反応することが要求される。したがって、この課題においても注意の移動が要求される。タスクス

[11] D'Esposito, Detre, Alsop, Shin, Atlas, & Grossman (1995)

イッチングの際には両側前頭前野、帯状回、運動前野、後部頭頂葉などを主に活性化することが報告されている。たとえば、ダブらは課題スイッチのある条件と課題スイッチのない条件を比較した[12]。実験参加者はスイッチ無条件では「+」と「-」の弁別が求められた。またスイッチ有条件では刺激が緑色で提示された場合は「+」に対しては左の反応キー、「-」に対しては右のキーを押すことが、また刺激が赤で提示された場合は左右逆に反応することが求められた。したがってこの条件では、被験者は個々の刺激の色に対して刺激-反応のマッピングをスイッチすることになる。結果はスイッチ有条件においては両側前頭前野、前運動野、前部島皮質、左頭頂溝、補足運動野、後部帯状回、などが活性化された。

抑制（inhibition）はわれわれの情報処理において非常に重要な機能である。日常生活の中で何かに注意を集中しなくてはならないときは、たいてい抑制を伴う。たとえば、授業中に自分は講義に集中しようとしているのに、周囲の人たちが私語を始めたりすると邪魔になって仕方がないのは、それを抑制するのにエネルギーを使わなくてはならないからだ。また抑制には行動の抑制もある。何かを我慢しなければならないとき、たとえば、チョコレートが食べたいがダイエット中であるとき、お酒が飲みたいのだが医者からお酒は控えてくださいと言われているときなどは、行動の抑制を必要とする例だ。第Ⅰ部で見たマシュマロ実験も抑制が必要だ。「わかっているけどやめられない」、というのは、多くの場合抑制機能が十分に働いていないことを表す。

認知神経科学において抑制を研究する際に使用される課題としては、たとえば、ストルー

[12] Dove, Pollmann, Schubert, Wiggins, & von Cramon (2000)

プ課題（Stroop task）がある（図10－４）。ストループ課題においては、色の名前が異なった色のインクで書かれている刺激が使われる。たとえば、「あお」という字が赤インクで書かれているような刺激である。実験参加者は、刺激の文字を無視しながらインクの色を答えることが要求される。文字とインクの色が一致している場合（一致条件：たとえば、「あお」という文字が青インクで書かれている場合）と、文字と色が一致していない条件（不一致条件：たとえば、「あお」という文字が赤インクで書かれている場合）を比較してみると、通常は不一致条件における反応時間が長くなる。これは文字を読むことのほうが色の名前を言うことより自動化の程度が高いため、不一致条件においては正しく反応するためには文字を読むことを抑制しなければならないことにあるとされ、また前部帯状皮質（ＡＣＣ）が活性化する（第Ｉ部の図３－３）。抑制機能は発達的に見て、成熟するのに最も時間がかかる機能のひとつであり、年をとるにつれて認知機能が低下していくとき最初に失う機能のひとつでもある。またＡＤＨＤや自閉症などの発達的障害、また不安や、アルコール依存症、薬物やプロセス依存症などの心理学的障害などには、神経学的な要因とともに抑制機能の障害が深くかかわっていると考えられる[13]。

この章では、ワーキングメモリネットワークに関して述べたのであるが、最後に実行系機能に関しては別の見方があることも紹介しておきたい。従来のブレインイメージングの研究は、実行系機能における前頭前野のトップダウンな役割を強調しているものが多い。つまり前頭前野が情報処理の司令塔であり、他の脳の領域の活動をコントロールしていると

[13] 加齢によるワーキングメモリ機能の低下に関してはたとえば、Braver & West (2008); Hasher & Zacks (1988); Reuter-Lorenz & Sylvester (2005). 苧阪満里子 (2015) などを参照。ＡＤＨＤに関してはたとえば Klingberg et al. (2002, 2005)、自閉症に関してはたとえば、Hill (2004); Just et al. (2004); Koshino et al. (2008)、不安に関してはたとえば、Ashcraft & Kirk (2001); Beilock (2008)、薬物依存症に関してはたとえば、Grenard et al. (2008) などを参照。

いう見方だ。しかし近年、実行系機能は後頭部領域および運動制御領域間の競合、または協調によるボトムアップな処理と、前頭葉のトップダウンな処理の相互作用によって達成される、または創発する（emergence）可能性も指摘されている。「創発」とは複雑系の領域でよく使われる概念であるが、多くのフィードバックからなる階層構造をもった組織において、上位階層の機能が下位階層の機能の相互作用によって生成され、下位階層の局所的機能には還元できないという性質をさす。換言すれば、「全体は部分の総和以上のものである」、ということである。その観点からすると脳はきわめて創発的なシステムであると見なせる。脳はニューロンからなるが、個々のニューロンの構造や機能を理解することは実行系機能のような高次認知過程を理解するうえにおいて、必要であるが十分ではない。そして実行系機能などの高次認知過程は脳の特定の部位に局在するのではなく、さまざまな領域の相互作用によって発現すると考えられる。[14]

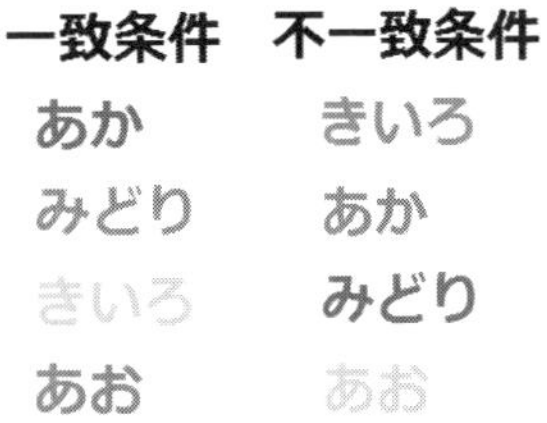

図10-4　ストループ課題

ストループ課題においては、インクの色を命名する課題と単語を読む課題がある。どちらの場合も不一致条件の反応時間が一致条件よりも長くなるが、これがストループ干渉効果である。ストループ干渉効果は通常はインクの色を命名する場合のほうが色名を読むより大きい。（カラー図版は口絵参照）

[14] たとえば、Gruber & Goschke (2004)

11章　社会脳ネットワーク

第Ⅰ部では社会脳について広範な立場から見たが、ここではより詳しく、ＤＭＮとメンタライジング（心の理論）ネットワーク、ミラーネットワークなどを中心に見る。社会脳ネットワークとは、われわれの社会的活動を支えている脳内ネットワークをさす。人間はきわめて社会的な存在であり、社会を離れて生きていくことは難しいことは第Ⅰ部で見たとおりだ。われわれの社会的な活動を支えている脳活動の研究が始まってまだ間もないが、さまざまな知見が集まってきている。その主なものとしてはＤＭＮ、メンタライジング（心の理論）ネットワーク、ミラーニューロンネットワークなどがある。本章では社会脳ネットワークの代表例としてＤＭＮを中心に検討するが、メンタライジング（心の理論）ネットワークとミラーニューロンネットワークについても少し取り上げる。

11-1 デフォルトモードネットワーク

デフォルトモードネットワークの概観

デフォルトモードネットワーク（DMN）は、もともと何もしないでじっとしているような安静時に活動するネットワークとして発見されたのだが、最近では自分について考えたり、対人関係など社会的活動に関するネットワークの中心的存在として捉えられている。DMNは通常、内側前頭前野（MPFC）、後部帯状回／楔前部（PCC/precuneus）、下部頭頂葉（IPL）、外側側頭葉（lateral temporal cortex：LTC）、そして海馬体（hippocampal formation：HF）を含むとされる。[1]

DMNがどのようなネットワークであるかということを考えるうえにおいて重要なのは、DMNは安静時のどのような活動に関係するのか、またどのような意識的な活動の際に活動が見られるかということが挙げられる。DMNの安静時の活動に関して、バックナーらはDMNとして活動する際には内側前頭前野（MPFC）は記憶に基づいて自己に関係した心的シミュレーションを行うサブシステムであり、外側側頭葉（lateral temporal）は過去の記憶や先行する経験に基づいてシミュレーションの材料を提供するサブシステムであり、そして後部帯状回／楔前部は内側前頭前野と外側側頭葉の2つのサブシステムを統合するとしている。[2] また今までの研究の多くは大まかには（1）われわれの自己など内界への関心に着目し

[1] DMNの発見は1990年代後半にさかのぼる。そこにおいては安静時と課題遂行時を比べると、安静時の活動の方が課題遂行中の活動よりも高い脳領域が存在することが見つかった。また、これらの領域はさまざまな認知課題において比較的共通した活動のパターンを示すことから、ネットワークを形成していると考えられた。DMNは一見すると課題遂行中は活動が低下し、課題を実行していな

たものと、（2）われわれの外部環境への関心に焦点を当てたものに大別することができるらしい。ただここで注意しなくてはならないのは、これは安静期間中であり、実験参加者は「リラックスして何も考えずに休んでください」などの教示を与えられるため、自己の内界であれ外界であれ、意識的に集中しているわけではないということだ。内界への関心（外界の刺激によらない自発的な認知活動）に関連したＤＭＮの活動は、たとえば、空想、想像、白昼夢など刺激とは関係のない思考（task unrelated thought）、また無意図的想起、つまり思い出そうという意図がないにもかかわらずふと何かが思い浮かぶような、いわゆるマインドワンダリング（mind wandering）に関係しているようである。またＤＭＮは外的環境の受動的モニタリングに関係するという説もある。これは意識的、能動的に環境を探るのではなく、外界の情報をなんとなく漠然と受け取っているという状態である。たとえばわれわれの日常生活の中である課題に集中していてそれが一段落したときに、とりとめもないことがふと頭に浮かんだり、部屋の内外のさまざまな音、鳥の声や車の音などに気づくといったようなことであろう。

デフォルトモードネットワークとマインドワンダリング

しかし課題に直接関係のない活動は、安静時に限らずさまざまな認知課題の遂行中にも起きる可能性がある。認知心理学の実験においては、通常実験参加者はコンピュータの前に座り、モニター上に呈示される刺激に対してキーを押すことで反応する。課題が退屈であった

い安静期間中になると活動が上昇するネットワークが存在するかのように見える。そのためこのネットワークはコンピュータの分野で使われてきた「初期値」に近い意味で、デフォルトモードネットワーク、ＤＭＮと名づけられた。初期のＤＭＮの研究に関しては、たとえば、Binder et al. (1999); Mazoyer et al. (2001); Gusnard & Raichle (2001); Shulman et al. (1997) などがある。また最近のレビューとしてはRaichle (2015) がある。

［2］われわれの自己など内界への関心に着目したものとしては、たとえば、Buckner et al. (2008); Christoff et al. (2009); Gusnard & Raichle (2001); Mason et al. (2007); Raichle et al. (2001)、またわれわれの外部環境への関心に焦点を当てたものとしては、たとえば、Gilbert et al. (2007); Shulman et al. (1997) などがある。

り、実験の終わり近くになって疲れてくると、実験に集中しようとする努力にもかかわらず漠然と関係のないことを考え始めたりすることがあるが、これはマインドワンダリングの一例である。したがってそのような活動を行っていたかどうかを測定する方法としては、課題遂行中のランダムな時点において、実験参加者に課題とは関係のないことを考えていた（マインドワンダリング）かどうかを報告させることがある。たとえば、メイソンらの実験においては、実験参加者は習熟している課題と新奇な課題を与えられ、課題中のさまざまな時点で課題と関係ないことを考えていたかどうかを尋ねられた。結果としては、習熟している課題の遂行中にマインドワンダリングがより多く報告された。これは新奇な課題の場合は注意の集中をより必要とするが、習熟している課題の場合は少ない処理資源で遂行することが可能であるため、マインドワンダリングをする余裕があったと考えられた。また、マインドワンダリングを多く報告した実験参加者ほど、ＤＭＮの活動が高いという傾向も見られた[3]。

ここでいう処理資源（processing resources）は、心的資源（mental resources）、注意資源（attentional resources）ともいわれるが、基本的には心理学における仮説構成概念であり、ある情報を処理するのにどの程度注意を集中しまた努力を払わねばならないかの程度を表している。つまり、課題が非常に難しかったり複雑なものであったりする場合はより多くの処理資源を必要とするのに対して、課題が簡単であったり、慣れているものであったりする場合はより少ない処理資源で遂行することが可能である。この処理資源という考え方に大きな影響を与えたのは、第Ｉ部でも登場したダニエル・カーネマンであるが、この見方における基

［3］Mason et al. (2007). また Fox, Spreng, Ellamil, Andrews-Henna, & Christoff (2015)

本的な前提は、人間は限られた処理資源しか持ち合わせていないが、われわれのすべての活動はある程度の処理資源を必要とするというものだ。したがって、われわれは一度に限られた活動しかできない。処理資源は自動化（automatization）という概念とも密接に関係している。自動的過程（automatic process）とは、処理資源をあまり必要としない過程をさす。これに対して、処理資源をより多く必要とする行動は制御的過程（controlled process）と呼ばれる。

処理資源という考え方は認知神経科学の分野でも多く見られるが、ある課題の遂行にかかわる脳領域で活性化の程度が高いことは、より多くの処理資源が消費されていることを示す。そこでは、制御的過程から自動的過程への移行が自動化と呼ばれる。簡単な例としては知覚、運動などの技能の習得過程がある。何か楽器を演奏する人は、その楽器を習い始めたときから練習によって上達する過程を考えればよい。ピアノでもギターでも何の楽器でもよいのだが、最初はどのように指を動かすかといったことに注意を集中しなければならなかったであろう。換言すれば、指を動かすことに処理資源を必要としたのであり、したがって他の事に振り向ける資源の余裕などなかったということである。演奏中に誰かに話しかけられたりすれば、混乱して指使いを間違えたであろう。しかし練習をつんでその楽器に習熟してくるにつれ、指を動かすことにはもうそれほどの処理資源を振り向けなくてもすむようになる。そして音楽家ともなると、指はほぼ自動的に動くようになり、処理資源の大半は自分の演奏のモニタリングや、演奏している曲の解釈など芸術性を高めることに向けられる。また外国語の獲得も同様の過程をたどると考えられる。日本人の両親から生まれて日本で育った場合、最初に英語を習い始めたときは英語を使用するのに多くの処理資源を必要とした。しかし、英語に慣れるにつれて、英語の使用に必要な処理資源は少なくてすむようになっていく。この移行の過程が自動化である。つまり、処理資源を大量に必要とする（すなわち注意を集中しないとできない）過程から、練習などによって処理資源をあまり必要としない過程への移行である[4]。

自動化に関する理論はいくつかあるのだが、たとえば、ローガンは「自動化の例示理論」(instance theory of automaticity）を提案している[5]。それによると、われわれの認知活動は基本的には次の2つの過程に大別できる。ひとつは情報処理のルールや処理の手順を踏んだプロセスであり、多くの処理資源を必要とし、時間がかかる（アルゴリズム過程）。もうひとつは過去に何度も経験しているため処理の手順をいちいち踏まなくても過去の経験の記憶を検索すれば遂行可能なプロセスであり、したがって処理資源も、所要時間も少なくてすむ（エピソード検索過程）。われわれが新たな手続きを習得するときはアルゴリズム過程に依存せざるをえないのだが、練習をして、また経験をつむにつれて課題遂行の手順のセットが記憶され、それを思い出しさえすれば遂行できるようになる。これが自動化のプロセスである。

さて、今までは課題や刺激に無関係な活動をひと口にマインドワンダリングと言ってきたのだが、その中にもいくつかの種類があるようである。マインドワンダリングの研究でよく使われる課題のひとつにＳＡＲＴ（sustained attention to response task）という課題がある[6]。

[4] 注意を処理資源として捕らえるメタファーを最初にまとめたものに、Kahneman (1973) がある。また自動的過程と制御的過程に関しては、Shiffrin & Schneider (1977); Schneider & Shiffrin (1977) がある。

[5] Logan (1988)

[6] ＳＡＲＴ課題は基本的にはある刺激に対しては反応し、別の刺激に対しては反応しないというゴー・ノーゴー課題である。

たとえば、ある実験において実験参加者は、1から9までの数字が1つずつ呈示されるのに対して反応キーを押すことを要求され、ただし3に対してのみは反応しないことが求められる。このような単純で退屈な課題を遂行中は課題に対する集中が途切れやすいし、したがってマインドワンダリングが起きやすい。しかし、それらはすべて同じ種類のマインドワンダリングであろうか？　たとえば、「前のブロックではエラーが多かったな。」などと考えるのは現在の試行には関係のないことを考えているが、課題そのものから外れているわけではない。これに対して、数日前に友人と諍いがあったことを思い出すかもしれないし、さらには来週のテストのことが気になるかもしれないが、これらは課題とはまったく関係がない。これらの思考においてはすべてDMNが同じように働くのであろうか？

スタワーチックらはこの問題に取り組み、課題に無関係な活動と刺激に依存しない活動を分離した場合にDMNに属する領域が共通した活動を示すかを検討した。[7] 課題に無関係な活動と刺激に依存しない活動を独立に操作すると、2×2の4つの可能性が存在する。つまり、(1) 課題に関係し刺激に依存した活動、つまり課題を遂行している状態、(2) 課題に関係しているが、現在の刺激には依存していない活動、たとえば、自分の今までの反応の成績などを考えること、(3) 課題に関係していないが、現在の刺激環境に関係している思考、たとえば、外的環境（MRIスキャナーのノイズ、部屋の温度、明るさ、など）、そして、(4) 課題にも刺激にも関係のない思考、（たとえば、白昼夢など）である。

この実験では先述のように実験参加者は1から9までの数字が1つずつ呈示され、3以外

[7] Stawarczyk et al. (2011)

の数字に対しては反応キーを押すことを要求された。またブロックの終わりには思考プローブが提示され、実験参加者はそのときの思考内容を報告することが要求された。課題に無関係な活動と刺激に依存しない活動の２つの次元はＤＭＮの領域の活動に加算的に関係していた。つまり、内側前頭前野、後部帯状回、前部下頭頂葉は課題に無関係な活動と刺激に依存しない状態の際に活動の上昇を示したが、それは課題にも刺激にも関係のない思考であるマインドワンダリングにおいて最も高かった。しかし、外側側頭領域の活動はその他のＤＭＮ領域とは違って、刺激に依存するかどうかに対してのみ関係していた。このことから、彼らは、課題や刺激に無関係な活動は必ずしも同一ではなく、またＤＭＮのすべての領域は必ずしも同質に働くわけではないとしている。

しかし最近の研究によれば、ＤＭＮはマインドワンダリング以外にもさまざまな課題状況で活動を示す。たとえば、自伝的記憶（autobiographical memory）や展望記憶である。[8] 自伝的記憶とは自分の過去の記憶である。小学校の遠足のこと、中学校の部活動のこと、高校の友達のこと、普段は忘れていても考え始めればおそらく誰もが限りなくもっているであろう。展望記憶とは将来の予定や展望に関する記憶である。身近なところでは今日は仕事の帰りにクリーニングに寄って先日出しておいたコートを受け取って、その後スーパーマーケットでパンと牛乳を買って帰らないといけない、などという今日のこれからの予定の記憶がそうである。自己や他者に関する情報処理においてもＤＭＮは活動する。自己や他者に関する情報処理はたとえば、自分の職場、家庭、および社会的な関係における自分の性格について

［8］自伝的記憶や展望記憶に関してはたとえば、Ino et al. (2011); Schacter, Addis, & Buckner (2007); Sestieri et al. (2011); Spreng et al. (2008)、自己や他者に関する情報処理に関しては、D'Argembeau et al. (2005); Gusnard & Raichle (2001)、また心の理論や社会的認知に関しては、Andrews-Hanna (2012); Iacoboni et al. (2004); Spreng et al. (2008); Spreng & Grady (2010) などを参照されたい。

考えたり、著名人の性格について考えたり、社会的な問題（たとえば、世界のグローバル化が経済に及ぼす影響や、年金や保険などの社会保障）について考えたりすることである。

メンタライジング（心の理論）や社会的認知もDMNの活動に関係している。たとえば、スプレングとグレイディの実験においては、被験者は自伝的記憶、展望記憶、そして心の理論課題に取り組んだ。すべての条件において、被験者は写真とそれに関連した単語を与えられた。この実験における写真は少なくとも一人の人間を含んでいる。たとえば、「家族」という単語であれば、夕食の食卓を囲んでいる家族の写真が提示された。自伝的記憶条件の場合は「過去に家族と出かけたときのことを思い出してください」という教示が、展望記憶条件の場合は「近い将来、家族と出かけるときのことを想像してください」という教示が、そして心の理論条件では「写真の中の父親は何を感じ、また考えているかを想像してください」という教示が与えられた。結果は自伝的記憶と展望記憶においては内側のDMN領域が高い活動を示したのに対して、メンタライジング（心の理論）課題の場合は外側DMN領域が高い活動を示した。機能的結合性の分析では、内側前頭前野が3つの条件に共通して他のDMN領域と共同することを示した。

デフォルトモードネットワークの活動の低下と課題によって誘発された活動の低下

さて、前述のようにわれわれが認知課題を遂行しているときは課題に関連した領域は活動の上昇を示すが、DMNは活動の低下を示すことが多い。このDMNの活動の低下のメカニズムは課題によって誘発された活動の低下（task induced deactivation：ＴＩＤ）であると考えられる。

課題によって誘発された活動の低下は、基本的には注意の効果であると考えられる。つまり、注意が配分された刺激に対応した領域の神経活動は上昇するのに対して、注意が配分されていない刺激に関係した領域の神経活動は低下する。[9] たとえば、ガザリーらは顔と風景の写真を刺激として使った実験を行って、注意の効果を検討した。[10] これらの刺激の処理には下部外線状皮質から下部側頭葉にかけての領域が深くかかわっているが、その中でも顔の刺激の処理には特に紡錘状回顔領域（fisuform face area：ＦＦＡ）が、また建物や風景の処理には海馬傍回場所領域（parahippocampal place area：ＰＰＡ）が関与していることが知られている（図11－1）。

その実験では、顔と景色は交互に逐次呈示されたが、特に何も注意を払わない条件、顔のみに注意を払い景色は無視する条件、景色のみに注意を払い顔は無視する条件、そして両方に注意を払う条件の下での被験者の脳活動が調べられた。結果は、顔に注意が払われた場合はＦＦＡの活動が上昇したのに対してＰＰＡの活動は低下し、また風景に注意が払われた場合はＰＰＡの活動が上昇したがＦＦＡの活動は低下した。これらのすべての条件で視覚刺激は同一であるため、この脳の活動の違いは注意のトップダウン制御の効果によるものと考えられた。すなわち、注意が払われた刺激の処理に関係した脳領域の活動は上昇したのに対して、無視された刺激に対応した領域の活動は低下した。

[9] たとえば、Corbetta & Shulman (2002); Corbetta, Patel, & Shulman (2008); Gazzaley et al. (2005); Hopfinger, Buonocore, & Mangun (2000); Kastner & Ungerleider (2000); McKiernan et al. (2003)

[10] Gazzaley et al. (2005); O'Craven et al. (1999). トップダウンの制御は概念駆動型（Conceptually-driven）とも呼ばれるが、情報を処理する際に教示やＷＭに保持している情報などによる自発的（voluntary）、意図的な注意の制御である。ボトムアップの制御とは刺激駆動型（stimulus-driven）とも呼ばれるが、環境刺激、感覚器官からの信号による注意の制御である。

このような注意の配分によって神経活動が左右されるという効果は、他の領域でも見られる。[11] さらに注意の配分の効果は特定の領域に限られた現象ではなく、左右半球間のようなよりグローバルな脳領域においても見られる。つまり右視野に注意が払われた場合は左半球の活動が上昇するが、それと同時に右半球の活動の低下が見られる。

しかし詳しくは後述するが、近年の研究によってDMNはどのような課題においても常に活動が低下するわけではなく、場合によっては課題の遂行に必要であることが明らかになってきた。この観点に立つと、DMNの活動の低下は当該の課題の適切な遂行のために脳内の処理資源が必要な領域に配分されることによって起こると考えられる。[12] このことは多くの研究結果が支持している。たとえば、これも詳しくは後述するが、DMNはワーキングメモリネットワーク（WMN）と反相関を示す。つまり実行系ネットワークの活動が上がるとDMNの活動が下がる。[13] またDMNは課題の資源要求とも負の相関を示す。つまり課題の資源要求が高いほど、DMNの活動が低下する。[14] たとえば、マイヤーら[15]は、DMNの活動の低下は課題がどの程度の処理資源を必要とするかに依存するとしている。つまり難易度が高かったり、複雑だったりするため処理資源を多く必要とする課題のときは課題の遂行に必要な領域（たとえばWMN）の活動が上昇が大きいため、DMNの活動の低下も大きいということである。またバックナーら[16]は、DMNと外部刺激に対する注意とは競合関係にあり、注意が特定の対象に向けられているときはDMNの活動が低下するのに対して、注意が特定の対象に向けられていないときはDMNの活動が上昇する傾向にあるとしている。

[11] 後頭部視覚野：たとえば、Shmuel et al. (2002); Tootell et al. (1998)、体性感覚野：たとえば、Drevets et al. (1995); Laurienti et al. (2002)、側頭頭頂接合部（Temporoparietal Junction）：たとえば、Shulman et al. (2003); Todd & Marois (2005)、半球間：Smith et al. (2004)

[12] たとえば Persson et al. (2007); Raichle et al. (2001)

[13] たとえば、Fox et al. (2005); Grecius et al. (2003); Hampson et al. (2006); Tomasi et al. (2006); Weissman et al. (2006)

[14] Mayer et al. (2010); Pyka et al. (2009)

[15] Mayer et al. (2010)

[16] Buckner et al. (2008)

さらに、特に認知的な負荷の高い状況においては、正確な課題の遂行にはDMN領域の適切な抑制が必要であるとされる。[17] たとえば、グレイシアスとメノン[18]は、課題遂行中の課題関連領域の活動が高い実験参加者ほどDMNの活動の低下が見られることを報告している。またワイスマンら[19]の実験においては、課題に対する注意の途切れ（attentional lapse）が起こった場合には反応時間が長くなることが見られたが、注意の途切れの直前には注意の制御に関係している脳領域（背側ACCとPFC）において活動の低下が見られた。また注意の途切れの最中にはDMN、特にPCCの活動の上昇が見られた。またストップシグナル課題においてエラー試行の直前において、DMN（MPFCとPCC）の活性化が上昇したという結果が報告されている。[20]

要約すると、DMNの活動は自己や社会的な情報の処理に関係し、その活動の低下はわれわれの脳には限られた処理資源しかないために起こるようだ。すなわちDMNを必要としないような課題（たとえば認知的な課題）において、その適切な遂行のために認知領域においてより多くの処理資源が必要となった場合は、DMNに向けられていた処理資源も含めて認知領域に配分されることによって起こると考えられる。[21]

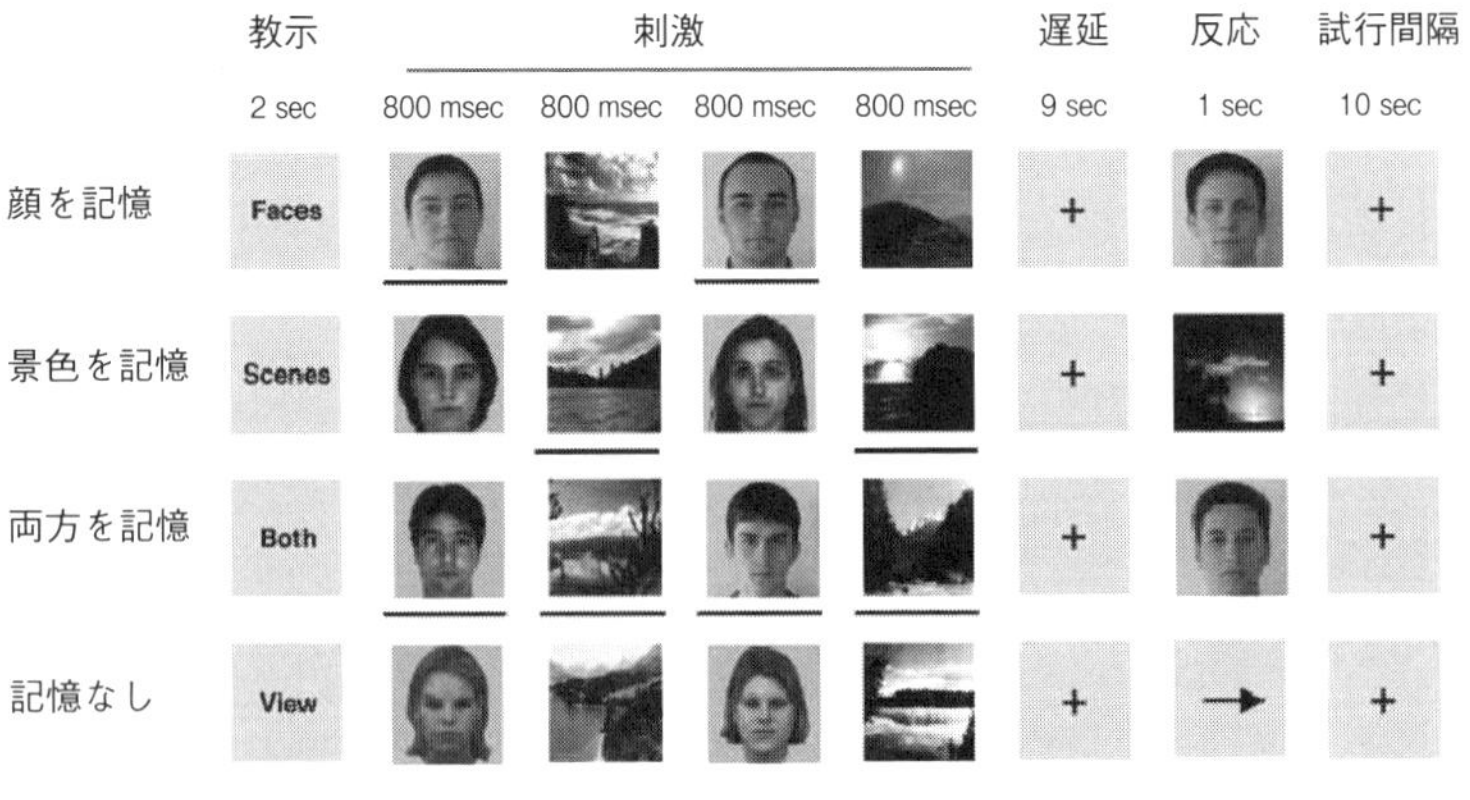

図11-1　ガザーリーらの実験で使われた刺激と手続き
（Gazzaley et al., 2005 を改変）（カラー図版は口絵参照）

11-2 メンタライジング（心の理論）ネットワーク

第Ⅰ部でも見たように、メンタライジング（mentalizing）あるいは心の理論（theory of mind：TOM）は、基本的には自分や他者の心の状態、たとえば、意図、信念、欲求、知識などを表象する能力だ。われわれは通常2～3歳頃には心の状態を表す言葉（たとえば、欲しい、知っている、ふりをするなど）を獲得し、さらに5～8歳頃までに間違った信念（誤信念）、ごまかし、嘘などの、より高度な概念を獲得する。健常児は小さい頃から、人間の顔、声、動きといったものに対して注意を払う傾向があり、また他者の視線を追ったり、関心の対象となっている物体を指し示す能力を現すが、それがメンタライジングの基礎となっていると推測される。

メンタライジングに対応した脳内のネットワークとしては、内側前頭葉（MPFC）と前部帯状皮質（ACC）、主に右半球の上部側頭回、そして主に左半球の側頭極が挙げられる[22]（図11-2）。MPFCとACCは、主に行為者の意図や信念と現実とを区別すること、また自己モニタリングに関する処理に対応しているとされる。上部側頭回は心の理論を必要とする場合もしない場合であっても、人間の登場する物語の理解の際やまた人間の行動の因果関係や意

[17] たとえば Daselaar, Prince, & Cabeza (2004); Greicius & Menon (2004); Kelly et al. (2008); Weissman et al. (2006)

[18] Greicius & Menon (2004)

[19] Weissman et al. (2006)

[20] Li et al. (2007)

[21] たとえば Persson et al. (2007); Raichle et al. (2001)

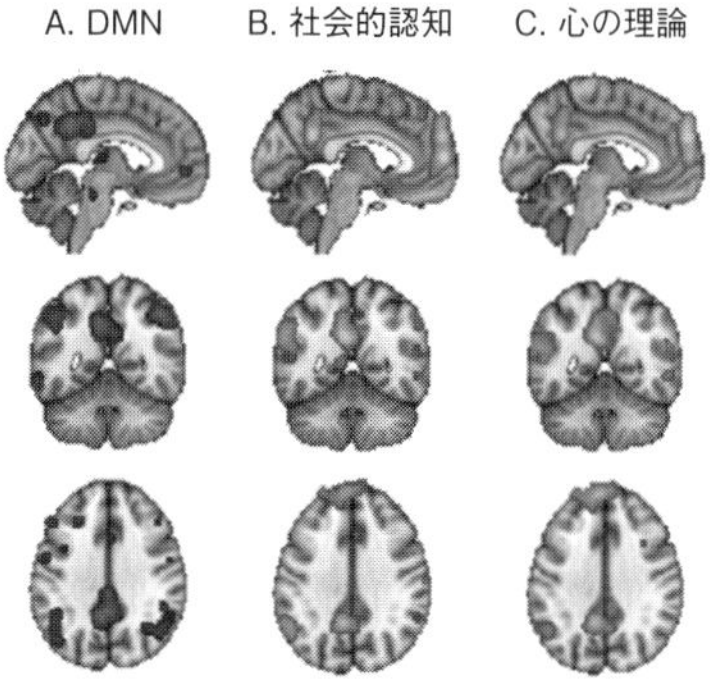

図11-2　DMN、社会的認知、メンタライジング（心の理論）ネットワーク
（Mars et al., 2012を改変）
DMN、社会的認知、そして心の理論ネットワークが非常によく対応していることが見てとれる。（カラー図版は口絵参照）

図を理解しようとする場合などに活動する。上部側頭回は心の理論以外にも顔刺激のもつ感情的、社会的側面の処理に関係しているとされる。[23] 側頭極はよく知っている顔や景色や感情的な記憶や自分の過去に関する記憶などの想起の際に活性化される。これらの結果は、側頭極が個人的になじみのある意味記憶やエピソード記憶に関係していることを示唆している。メンタライジング（心の理論）は自閉症の社会的障害に深くかかわっているとする理論がある。この自閉症の「心の理論障害仮説」に関しては、後で自閉症の章で詳しく取り上げる。

11－3　ミラーニューロンネットワーク

ミラーニューロンは１９９０年代にイタリアのパルマ大学の研究者たちによって発見された。[24] 彼らはサルの前頭葉運動野（Ｆ５野）に電極を刺し、サルの前に置かれた物体をサルが掴むときの信号を記録していた。それらのニューロンは実験者が物体を交換するために掴んだときも活動を示した。したがって、それらのニューロンは他者の行為をも反映して活動するという意味で、ミラーニューロンと名づけられた。その後の研究でミラーニューロンは掴もうとする物体が何かの陰に隠れていて直接は見ることができなくても活動すること、しかし物体がないところで掴むという運動だけを行っても活動しないことなどが明らかになった。これらの結果からミラーニューロンは機械的な運動に対して反応するのではなく、ある意図、または目的をもった運動に反応していると考えられた。[25] ミラーニューロンシステムは

[22] たとえば、Frith & Frith (2003); Gallagher, & Frith (2003); Rilling et al.,(2004)

[23] 上部側頭回：たとえば Allison et al. (2000); Critchley et al. (2000); Haxby et al. (2000); Narumoto et al. (2001)、側頭極：Nakamura et al. (2000)

[24] 生ハムとパルメザンチーズで有名なパルマ。たとえば、Rizzolatti et al. (1992); 1996; Galesse et al. (1996); Rizzolatti & Craighero (2004) などを参照。

[25] 模倣に関して、意図を理解している場合とそうでない場合がある。日本語ではどちらも「模倣」となるが、英語では区別される。意図を理解しない単なる物まねは「mimicry」であり、行為の意図の理解を含む場合は「imitation」となる。

ネットワークとして活動していると考えられるが、そのネットワークは、人間では下前頭回（ブローカ領域、BA44、これはサルのF5野に対応している）、下頭頂葉、および上側頭溝からなるとされる（図11-3）。

ミラーニューロンネットワークの発見は神経科学の分野に興奮を巻き起こしたのだが、それはひとつにはミラーニューロンシステムは模倣行動、すなわち知覚と運動の接点となる機構の神経学的な基盤であると考えられたことによる。フュスターのモデルでいえば、多感覚入力と行為出力をつなぐ直接的なリンクであると思われる。たとえば、ミラーニューロンシステムはわれわれの言語の発生的、発達的基盤であるとする議論がある。これはミラーニューロンネットワークの中核領域が、伝統的に言語生成の機能を担うとされてきたブローカ領域にあることによる。ひとつの考え方としては、われわれの言語はジェスチャーから発生してきたのではないかというものである。しかし、ジェスチャーに限らなくても聴覚的なミラーニューロンシステムの存在も示唆されており、言語発生におけるミラーニューロンシステムの役割は視覚言語に限る必要はないかと思われる。[26]

もうひとつは感情、特に共感の発達におけるミラーニューロンの役割である。[27] ここにおける基本的な問題は、われわれは感情をどのようにして学習するのか、感情の分化はどのようにして起こるのかといったことである。人間は発達初期においては複雑な感情の分化は見られない。乳児は痛みを感じたとき、不快感を感じたとき、空腹のときには泣き、心地よければ笑う。それがどのようにして、怒り、嫌悪、恐怖、幸福感、悲し

[26] ミラーニューロンシステムの言語発生、発達における役割については、たとえば、Rizzolatti, & Craighero (2004); Bangert et al. (2006); Gazzola et al. (2006) などを参照されたい。

[27] 感情の定義に関しては、Ekman (1992)、共感の発達におけるミラーニューロンの役割に関しては、たとえば、Botvinick et al. (2005); Gallese,et al. (2004); Gallese (2009); Jabbi et al. (2007) などを参照。

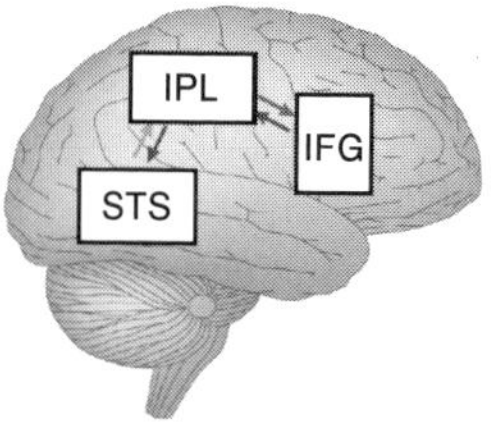

図11-3　ミラーニューロンネットワーク（Iacoboni & Dapretto, 2006 を改変）

み、驚き、といった基本的な感情に分化していくのだろうか？　日本語で考えてみれば、大人であれば、悲しいと哀しいは違うと感じるであろう。子どもにとって楽しいと嬉しいが分化するのはいつごろであろうか？　さらに感情には文化差も存在する。

問題は、われわれが感情を発達させていく過程で、模倣の果たす役割はどのようなものであるかということである。他者への共感といった感情にミラーニューロンが重要な役割を果たすと考えている人たちもいる。たとえば、われわれは他者が基本的な感情（たとえば嫌悪）を表しているのを見るとき、われわれの脳ではわれわれがその感情をもつときに活動するのと同じ領域（特に前部島皮質、前部帯状皮質、そして下前頭葉）が活動する。このような直接的な対応は、痛みや触覚などの他のモダリティに関しても見られる。われわれが「他者の痛みがわかる」というときは、文字通りわれわれの脳の中ではわれわれが痛みを感じるのと同一の領域が活動しているのであり、それがわれわれの共感能力につながるということである。ある意味では、それが発達していくことによってわれわれが日常で言う「他者の立場に立って考えてみる」、他者の経験を自分の経験に照らし合わせて感じるという行動が可能になっていくと考えられる。幼児が転んで泣いたとき、周りの大人が「痛かったね」と言うが、そのような経験は幼児が転んだときに感じた不快な身体感覚は「痛み」と言うのだということの学習を促す。子どもが、大人にしかられている子どもを見たとき、自分ならどう感じるかを思い起こすことは共感につながっていくであろう。

ミラーニューロンが共感の発達の基盤であるとする考え方に対しては、批判も存在する。

最大のものは、われわれがある感情を経験するときと他者がその感情を表出しているのを見るときとで同一の脳領域が活動しているのであるが、それらの領域は必ずしもミラーニューロンシステムの領域と同一であるわけではないということである。

ミラーニューロンに関して、もうひとつ興味深い点は、自閉症の人たちは共感能力が欠如していることが指摘されているのだが、ある理論によれば、これはミラーニューロンシステムに障害があることによって生じているとされる（自閉症のミラーニューロン障害仮説）。この点に関しては詳しくは自閉症の章で後述する。

以上ＤＭＮ、メンタライジング（心の理論）ネットワーク、そしてミラーニューロンネットワークについて見てきたのであるが、ＤＭＮと心の理論ネットワークはおそらく密接な関係にあると思われる。領域的にはどちらもＭＰＦＣを中心とするし、上部側頭回も両方のネットワークに含まれる。したがってどちらも社会脳ネットワークであるといえるが、ＤＭＮはより自己との関係が深いのに対して、メンタライジング（心の理論）ネットワークは、より他者の理解に関係していると思われる。これに対して、ミラーニューロンネットワークは、本稿では社会脳ネットワークに含んだが、言語発達などに影響する可能性を考えると認知脳ネットワークとも関係していると考えられる。

12章　ネットワーク間の競合と協調

12-1　デフォルトモードネットワーク（DMN）とワーキングメモリネットワーク（WMN）の競合

前述のようにわれわれが認知課題を遂行しているときは課題に関連した脳領域は活動の上昇を示すが、DMNは活動の低下を示すことが多い。たとえば、ワーキングメモリ課題を遂行しているときであれば、WMNが活動しているがDMNは活動の低下を示し、また逆にDMNが活動しているときはWMNが活動の低下を示し、したがってDMNとWMNの間には負の相関が見られる（図12-1）。これらの研究は一見、認知課題遂行中に活動を示すネットワーク（task positive network）と活動の低下を示すネットワーク（task negative network）が存在するかのような印象を与え、たとえば、WMNは認知課題の遂行中に活動するネットワークであり、DMNは課題遂行中は抑制されるべきネットワークであるかのように思われた[1]。

このDMNの課題遂行中の抑制は、前に課題によって誘発された活動の低下として述べたように、脳全体のダイナミックな処理資源の分配によって引き起こされると考えられる。す

[1] たとえば、Fox et al. (2005); Greicius et al. (2003); Spreng (2012); Tomasi et al. (2006)

なわち、課題が簡単であったり、慣れているものであったりする場合はより少ない処理資源で遂行することが可能であるが、課題が難しかったり複雑であったりする場合はより多くの処理資源を必要とする。ある脳領域での神経活動が上昇した場合、その領域はより多くの処理資源を必要とするが、脳全体の資源量には限界があるため、課題に無関係な領域の活動はそのときの処理資源の供給状態によっては低下すると考えられるのだ。したがって、当該の課題の適切な遂行のために脳内の処理資源が必要な領域に配分された場合は、DMN領域に割り当てられる資源量が低下することになり、結果的にDMNの活動が低下すると考えられる[2]。さらに難易度が高かったり、複雑だったりするため処理資源を多く必要とする課題のときは、DMNの活動の低下も大きいことが報告されている。

先述のメイソンらの実験においても、習熟した課題の遂行中により多くのマインドワンダリングが報告されたが、これは新奇な課題を遂行する際はより多くの処理資源を必要とするのに対して、習熟した課題の遂行は処理資源をあまり必要としないことによると思われる。またバックナーらはDMNと外部刺激に対する注意とは競合関係にあり、注意が特定の対象に向けられているときはDMNの活動が低下するのに対して、注意が特定の対象に向けられていないときはDMNの

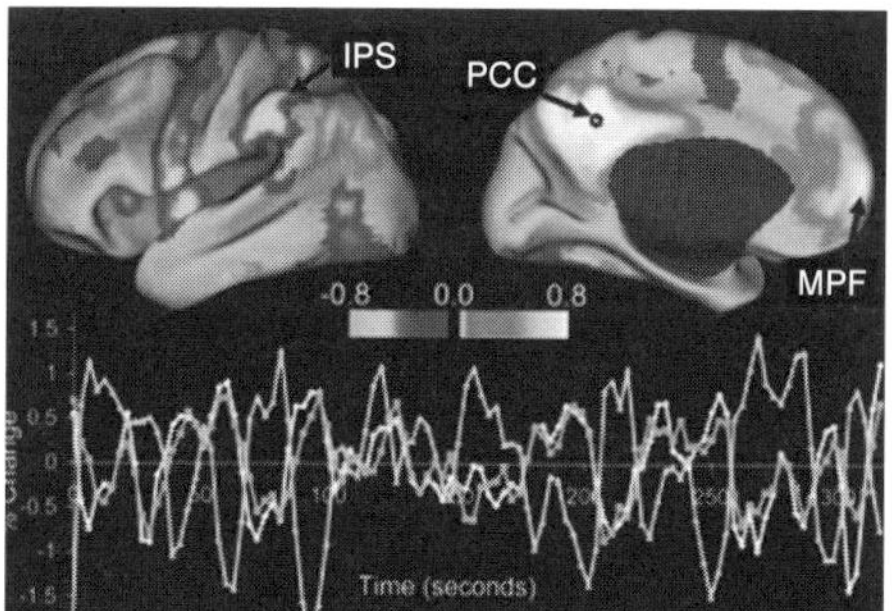

図12-1　デフォルトモードネットワークと注意ネットワークの間の負の相関（Fox et al., 2005 より）
青はIPS（intraparietal sulcus）で、注意ネットワークの中核領域のひとつである。オレンジはMPF（medial prefrontal）また黄色はＰＣＣ（posterior cingulate cortex）で、両者ともDMNの中核領域である。MPFとPCCの活動は時間軸に沿って同期している。そして、それらの活動とIPSの活動は時間軸に沿って正反対のパターンを示している。つまり、一方の活動が上がると他方の活動が下がっている。（カラー図版は口絵参照）

[2] たとえば、Buckner et al. (2008); Mayer et al. (2010); Raichle et al. (2001)

活動が上昇する傾向にあるとしている。また複雑な課題などで認知的な負荷の高い状況においては、正確な課題の遂行にはDMN領域の適切な抑制が必要であると報告されている。[3]以上のようにDMNとWMNの間には競合も見られるが、次に見るように協調も認められる。両者の関係についての研究が最近増加傾向にあるのは注目すべき現象だ（第Ⅰ部図2－2のグラフ参照）。

12－2　デフォルトモードネットワーク（DMN）とワーキングメモリネットワーク（WMN）の協調

それでは、DMNとそれ以外の課題関連ネットワーク、たとえば、WMNは常に競合するのであろうか？　以前に見たように、すべての認知課題においてDMNの活動が低下するわけではなく、DMNはさまざまな認知課題中に活動を示すことが報告されている。最近の研究によれば、DMNとWMNや背側注意ネットワークとは必ずしも常に競合するとは限らず、場合によっては協調することが示唆されている。たとえば、問題解決のシミュレーション、情景の構成、創造的生成活動の評価、マインドワンダリング、自伝的プランニング、社会的ワーキングメモリなどの際に、DMNは課題関連ネットワークとともに活動の上昇を示すことが報告されている。[4]

たとえば、スプレングらはWMNとDMNは自伝的プランニングの際に協調し、また、W

[3] 処理資源とデフォルトモードネットワークの活動の関係については、たとえば、Daselaar, Prince, & Cabeza (2004); Greicius & Menon (2004); Kelly et al. (2008); Weissman et al. (2006)

[4] 問題解決のシミュレーション：Gerlach et al. (2011)、情景の構成：たとえば Summerfield, Hassabis,

MNと背側注意ネットワークは視空間的プランニングの際に協調することを示した。また、エラミルらは創造性の二つの要素である生成と評価に関係する脳内ネットワークを調べた。生成要素は新しいアイデアの産出を促すものであるが、内側側頭葉の活動に関係しており、また評価要素はアイデアの有用性の評価に関係しているが、これは実行系およびDMNに関連する領域（前部外側前頭前野、島皮質、側頭極）の活動に関係していた。またWMNとDMNは課題期間を通して片方の活動が上がれば他方の活動も上がるという正の機能的結合性を示した。ガーラッハらの実験においては、実験参加者はシナリオを与えられ、それに伴う問題を解決することが要求された。その結果、このような目標に沿った問題解決のシミュレーションにおいてはDMNと背外側前頭前野（DLPFC）が共に関与していた。また、後部帯状皮質とDLPFCを基準とした機能的結合性はMPFC、内側側頭葉、頭頂葉を含む領域との正の相関を示した。さらにセスティエリらはDMNがエピソード記憶の検索の過程で他のネットワークとどのように相互作用を示すかを検討した。エピソード記憶の検索は後部頭頂葉、特に角回を活性化したが、その前部はDMNとは独立していた。また、角回と後部帯状皮質はエピソード記憶の検索のときに活動の上昇を示したが、MPFCは活性化の低下を示した。これらの結果は、DMNに属する領域はエピソード記憶検索の際に異なった機能をもつことを示している。また、チャディックとガザリーの実験では、風景と顔のワーキングメモリ課題を用いて海馬傍回場所領域（PPA）と紡錘状回顔領域（FFA）の情報入力段階における活動を調べた。結果は視覚情報処理に関係した領域のうち、課題に関連した刺

& Maguire (2010)、創造的生成活動の評価：Ellamil et al. (2012)、マインドワンダリング：Christoff et al. (2009); Christoff (2012)、自伝的プランニング：Chadick & Gazzaley (2011); Spreng & Grady (2010)、エピソード記憶：Ino et al. (2011); Sestieri et al. (2011)、課題スイッチ：たとえば Crittenden, Mitchell, & Duncan (2015)、ワーキングメモリ：Piccoli, Valente, Linden, Re, Esposito, Sack, & Di Salle (2015); Spreng, DuPre, Selarka, Garcia, Gojkovic, Mildner, Luh, & Turner (2014)

激を処理する領域はWMNと機能的結合性を示し、課題とは無関係の刺激を処理する領域はDMNとの相関を示した。したがって、彼らはこれらの知覚領域は課題の需要に応じてWMNやDMNなどのネットワークとダイナミックに競合し、また協調すると主張した。したがって、これらの結果はDMNとWMNは協調することがあることを示したものであるといえる。

DMNの他の領域との競合と協調は、社会的認知に関しても見られる。先行研究によれば、内側前頭前野、後部帯状皮質/楔前部を中心とする内側前頭-頭頂領域（DMN）は社会的な情報の処理に関係しており、またDLPFCと外側頭頂領域を中心とする外側前頭-頭頂領域は認知的な情報の処理に関係している。[5] また認知的ワーキングメモリの負荷は外側前頭-頭頂領域の活動を上昇させるが、同時に内側前頭-頭頂領域の活動を低下させることも知られている。

マイヤーらは社会的ワーキングメモリの負荷が内側前頭-頭頂領域の活動に与える影響を調べた。実験参加者は実験に先立って、10人の親しい友人に関する特徴の評価を行い、その結果がfMRI実験の際の刺激として使われた。社会的ワーキングメモリ課題においては、実験参加者は友人の名前（2～4人）を呈示され、遅延期間の後、ある友人の特徴を表す単語が提示された。それに続く遅延期間の間、実験参加者はその単語が表す特徴がそれぞれの友人にどの程度当てはまるかを考え、その程度に応じて友人たちをランク付けるように教示された。たとえば、単語が〝面白い〟の場合は、2人から4人の友人たちを〝面白い〟順に

[5] 社会的ワーキングメモリ課題におけるデフォルトモードネットワークとワーキングメモリネットワークの協調に関してはMeyer et al. (2012)

ランク付けすることになる。最後にその友人たちに関する正誤判断を求める質問が呈示される。たとえば、（クレア、クリスティ、レベッカ）という3人の友人たちを記憶している場合に、質問が〝2番目に面白いのは？――レベッカ〟であれば、実験参加者は自分のランキングにおいて2番目に面白いのがレベッカであれば〝正〟、そうでなければ〝誤〟と反応することを求められた。結果は、社会的ワーキングメモリの負荷の上昇は内側前頭－頭頂領域（内側前頭前野、後部帯状回）の活動を上昇させ、さらに外側前頭－頭頂領域の活動も上昇させた。したがって、内側と外側の前頭‐頭頂領域は必ずしも負の相関を示すとは限らず、課題によっては協調することが示された。

12－3　ネットワークの競合と協調のダイナミックな変化

今まで見てきた研究は主に課題遂行時と安静時の比較に基づいたものであるが、われわれの日常生活における認知活動は基本的に流動的であり、時間的に変化している。したがって、脳領域の活動状態もダイナミックに変化していると考えられる。DMNの活動の上昇と低下に関しても、課題の状況にしたがってダイナミックな変化が見られる。たとえば、われわれは脳領域の活動状態のダイナミックな変化について、前部内側前頭前野（BA10）を対象として顔のワーキングメモリ課題を用いて検討した[6]。先述のように前部内側前頭前野は課題準備などに関係することが知られているが、DMNの中心的領域のひとつでもある。また

[6] Koshino (2017); Koshino et al. (2011); Koshino et al. (2014)

ＤＭＮとＷＭＮは一方の活動が上がれば、他方の活動が低下するという反相関を示すことが報告されている。したがって、もし課題準備期間に続いてワーキングメモリ課題を行った場合は、内側前頭前野は課題準備期間中には活動の上昇を示すが、ワーキングメモリ課題遂行中は活動の低下を示すことが考えられる。

この実験においては準備期間と実行期間が設けられたが、実験参加者はまず課題セットを形成することで課題に対して準備することが求められ（準備期間）、その後で３つの顔が呈示され、それらを覚えることが要求された（実行期間）。またその間、数字が１つずつ呈示され、それらを足し合わせることも要求された（図12－２）。結果は課題の準備段階において、前部内側前頭前野と後頭葉の下部外線状皮質が活動を示したが、これは前部内側前頭前野が課題準備に関係しているという先行研究の結果と一致する。また下部外線状皮質は顔の情報を処理する領域（紡錘状回顔領域）を含むのであるが、顔のワーキングメモリ課題の課題セットを形成する場合にその領域が課題セットに含まれることによると考えられる。また課題の実行段階においては、前部内側前頭前野は活動の低下を示したが、通常顔のワーキングメモリに関係しているとされる領域、すなわち外側前頭前野、両側頭頂間溝、両側下部側頭葉、および両側下部外線状皮質は活動の上昇を示した。この前部内側前頭前野の活動の低下はワーキングメモリ関連領域の活動が上昇するにつれて、処理資源がそれらの領域に配分されたことによると考えられる。したがって、この実験の結果は前部内側前頭前野の活動の上昇と下降もその時々の課題の需要に応じた処理資源の配分によってダイナミックに決定され、課題の要求によってはこれは単一試行内の異なった情報処理の段階においても見られることを示していると思われる。

ＤＭＮとＷＭＮのダイナミックな関係について、われわれは最近の研究でさらなる検討を加えた[7]。この実験においては、再び課題準備期間と実行期間が設けられた。また課題としては、前回は顔のワーキングメモリ課題であったが、同様の結果が異なった種類の情報処理でも見られるかどうかを検討するために、言語的ワーキングメモリ課題が用いられた。この実験においては、課題準備期間中にＤＭＮに属する他の領域（特に後部帯状回／楔前部）においても活動が見られ、また実行期間中は活動の低下が見られた。したがって、これらはＤＭＮに属する領域は共同して活動する傾向があるという可能性を支持する結果となっている。課題準備に関しては前部内側前頭前野の関与が大きいが、準備期間には課題セットを形成することが要求される以外には処理する刺激も提示されていないし、何かに対して反応しなければならないわけでもない。すなわち前部内側前頭前野以外の領域には特に課題の側から要求されていることはなく、比較的自由度の高い状態にあるといえる。したがって、前部内側前頭前野の活動が上昇した際に、もともと結合の強いＤＭＮに属する他の領域、特に後部帯状回／楔前部も連動した可能性が考えられる。ネッ

[7] Kosnino et al. (2014)

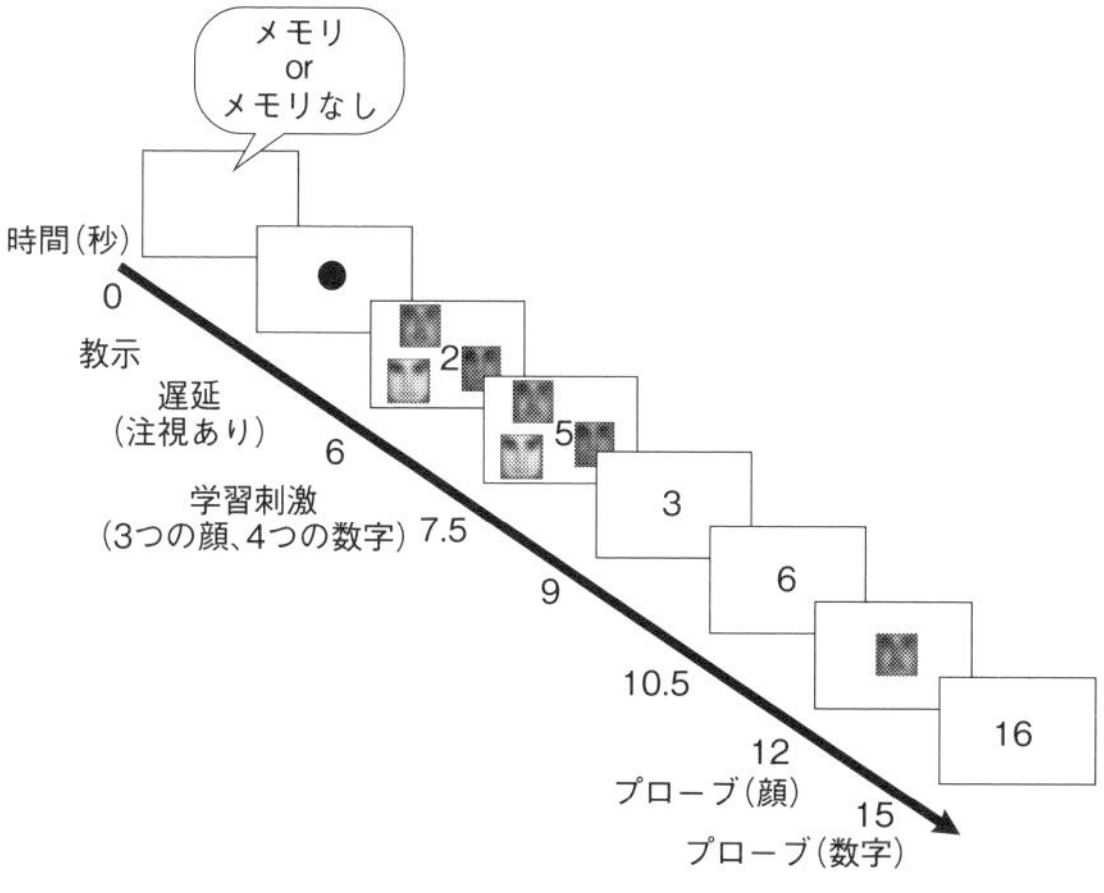

図12-2　越野らの試行例（Koshino et al., 2011）

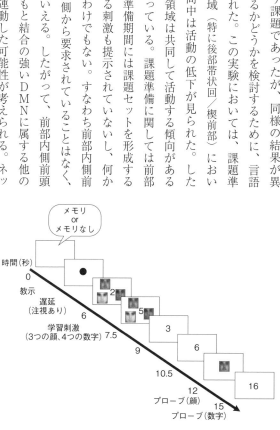

トワーク間の競合と協調における課題の需要に応じたダイナミックな処理資源の分配に関しては、興味をもたれた読者は越野・苧阪・苧阪[8]を参照されたい。

12-4 ネットワークの機能的異質性

脳内ネットワークは固定したものではなく、課題の要求や処理資源の余裕などによってダイナミックに変化すると考えられる。個々の領域、特に連合野のような領域は、それぞれ固有の機能をもち、また強さは違っても他の多くの脳領域とも結びついており、したがって処理資源に対する課題の要求などの要因によっては別のネットワークの中の一部として活動する場合もある。換言すれば、個々の脳の領域はそれぞれが単一のネットワークに属するのではなく複数のネットワークに属しているのであり、どのネットワークの一員として活動するかは前述のようなさまざまな要因によって決定されると思われる。これはおそらく、他の安静時ネットワークについてもいえるかもしれない。換言すれば、安静状態であっても、相互の連結の強い領域の活動はネットワークとして同期しているが、ある認知課題実行中のそれらの領域の活動は、当該の課題における個々の領域の役割やそのときの処理資源の需要と供給の関係によって影響されるという可能性がある。

セギアーとプライスは、日常的な物体とその名前に関する意味的マッチング課題、無意味物体の絵とギリシャ文字の知覚的マッチング課題、日常的な物体とその名前に関する発話生

[8] 越野・苧阪・苧阪 (2013a)

成課題、そして、無意味物体とギリシャ文字に対して〝1、2、3〟を言う数唱課題を使った[9]。結果は、DMNに属する領域の間で、活動の低下のパターンが課題によって異なっていた。DMNに属する5つの領域（前部の後部帯状回、後部の後部帯状回、前部腹側内側前頭前野、後部腹側内側前頭前野、右下頭頂葉）は、意味的マッチングの際に知覚的マッチングに比べて大きな活動の低下を示した。さらにこれらの領域の中で、後部腹側内側前頭前野は発話生成課題遂行時の活動の低下がマッチング課題に比べて大きく、また数唱課題時の活動の低下が知覚マッチング課題に比べて大きかった。後部帯状回に関しては、これとは反対に知覚マッチング課題時の活動の低下が数唱課題に比べて大きかった。また右下頭頂葉に関しては、物体の意味的マッチング課題遂行時の活動の低下が単語の意味的マッチング課題に比べて大きかった。これらの結果に基づいて、彼らはDMNに属する中核領域の間にも異なったタイプの言語処理に関して機能的異質性が見られると結論している。これらの脳のネットワークのダイナミックな変動の性質を探ることは今後の研究における重要な問題のひとつであると思われるが、この機能的異質性の問題に関しては他に詳しく検討したので興味のある読者は越野・苧阪・苧阪[10]を参照されたい。また第Ⅰ部でも見たように、最近従来のブロードマンの領域の数をはるかに超える180の領域が個々の半球において区別できるという報告もある[11]。

[9] Seghier & Price (2012)

[10] 越野・苧阪・苧阪 (2013b)

[11] Glasser et al. (2016)

12-5　認知脳ネットワークと社会脳ネットワーク間の切り替え

近年、WMNとDMN間での切り替えを司っているネットワークの存在が示唆されている。ブレスラーとメノンはそのネットワークを顕著性ネットワーク（saliency network）と呼び、前部帯状回と前部島皮質を中心として構成されているとしている。[12] たとえば、ぼんやりととりとめもないことを考えているときに、周囲で突然何かが変化したとき、顕著性ネットワークはその変化の重要性を確認する。もしその出来事がそれほど重要ではないと判断されれば、そのままかもしれないが、もしそれが重要な出来事であり何らかの対応をしなければならないと判断されれば、WMNに切り替える。

認知脳ネットワークからDMNへの切り替えはどのようにしてなされるのであろうか？知的作業に集中できる時間、つまり認知脳ネットワークが活動できる時間というのは限られていて、そんなに何時間も続くわけではない。個人差はもちろんあるが、われわれは何時間か集中すると「頭が疲れた」と感じる。そうすると認知脳ネットワークが疲労したときにシーソーが傾くように、DMNの活動に切り替わるということであるように思われる。

この競合する神経活動において、一方が疲労するとそれに競合する他方が優勢となるという現象は、神経学的には一般的に見られるかと思われる。たとえば、色の残像現象においては、たとえば、赤をしばらく見続けた後で白い背景を見ると緑の残像が見える。色の知覚に

［12］Bressler & Menon (2010)

おける反対色説によれば、赤と緑が反対色として知覚されるのは赤の知覚に対応した神経と緑の知覚に対応した神経とが互いにシーソーのように競合しているからであるとされる。[13] そこにおいて緑の残像が見えるのは、赤の知覚に対応した神経が疲労した場合に、赤－緑システムのバランスが崩れることによるとされる。また運動残像効果（たとえば滝の錯視など）においては、滝など一方向の運動をしばらく見続けることにより、それに対応した運動方向選択性をもつニューロンが疲労するため反対方向の運動の錯視が生じるというものである。脳内ネットワークのレベルにおいても認知脳ネットワークと社会脳ネットワークが競合していることが多いため、認知脳ネットワークが疲労すると社会脳ネットワークの活動が優位になると考えられる。

［13］色の反対色説はヘリングによって唱えられたが、そこにおいては人間の視覚においては色は「白－黒」、「赤－緑」、「黄－青」の3種類のチャンネルによって処理されているとされる。反対色説を支持する根拠はいくつかあるが、たとえば、色の残像としては必ず補色が見える（補色残像）。つまり赤の残像は必ず緑であって、青や黄色が見えることはない。また黄色の残像は必ず青である。したがって、「赤－緑」、「黄－青」は反対色として対を成していると考えられる。また、色の混合をイメージするときに、赤みがかった黄色や赤みがかった青をイメージすることはできるが、赤みがかった緑をイメージすることはできない。色の知覚は網膜のレベルではヤングーヘルムホルツの三色説に従い、またそれ以降の段階ではヘリングの反対色説に従うと思われる（たとえば Coren, Ward, & Enns (2004)）

13章　ネットワークの個人差

13-1　認知脳ネットワークの個人差と知能

本章ではネットワークの個人差について検討する。認知脳ネットワークの働きがいいとはどういうことであろうか？　また社会脳ネットワークがよく機能する人たちはどのような特徴をもつのであろうか？　反対に、それらのネットワークの働きが弱い人たちはどうであろうか？

認知脳ネットワークの個人差、特にWMNの個人差について考えるとき、避けて通れないのが知能の問題である。ワーキングメモリ容量が知能、特に流動性知能（fluid intelligence）と深く関係していることはよく知られている[1]。流動性知能はキャッテルが提唱した概念であるが、そこにおいては結晶性知能（crystalized intelligence）と流動性知能が分けられる。結晶性知能とは、基本的には技能や知識を使用する能力をさす。つまり、長期記憶に蓄えられている情報にアクセスする能力である。これに対して、流動性知能は知識にかかわらず、新奇な状況において問題を解決する能力である。そこには問題の構造を分析し、パターンを発見し、論理的な思考を行う能力が含まれる。また、たとえば、演繹的、帰納的推論能力や、

[1] 流動性知能はたとえば、「レイブン行列課題」（Raven's Progressive Matricies）などを用いて図られる。流動性知能とワーキングメモリの関係に関しては、たとえば、Engle (2002) 参照。

科学、数学、工学における問題解決能力も含まれる。

ここで問題は、知能は脳内でどのように表現されているかということである。[2] 知能は脳のどこか特定の領域に存在するのだろうか？ 前頭前野だろうか？ 前頭前野が関与することは間違いないのだが、後頭部は何らかの役割をもっているのであろうか？ それとも知能は、脳内の各領域の共同作業からなるネットワークとして実現されているのであろうか？情報処理の速度も知能に関係している。情報処理の速度は白質の神経伝達の速度に依存するところも大きいと思われる。これはミエリン鞘の発達とも関係すると思われる。先述のようにミエリン鞘は軸索の周りを覆っているが、絶縁性であるため信号の伝達の高速化と信号の減衰の低下をもたらす。ミエリン鞘は青年期を通して発達するが、ミエリン鞘の発達の程度、特に前頭葉との結合は、知能と関係することが報告されている。

ワーキングメモリ容量の測定にはワーキングメモリスパン課題がよく使われるが、それは、情報の保持と操作を含んだ二重課題である。ワーキングメモリスパン課題を二重課題としてその構成課題の単独条件と比較したブレインイメージング研究の結果は、必ずしも一致しているとはいえない。[3] たとえば、ｆＭＲＩを使ってリーディングスパンにおける二重課題条件と構成課題（文章の正誤判断と記憶）の単独条件とを比較した研究においては、二重課題に特有の活性化は得られなかった。つまり二重課題と単独課題では、脳の活性化に違いが見られなかった。オペレーションスパンの二重課題と構成課題（単純計算と単語記憶）を単独で行った場合とを比較した研究においては、低スパン群は左背外側前頭前野の活性化が二

[2] 知能は脳のどこに存在するのかという問題に関しては、たとえば、Duncan et al. (2000); Duncan (2010); Jensen (1993); Haier et al. (2004) などを参照。またミエリン鞘の発達と知能に関しては、たとえば、Schmithorst, Wilke, Dardzinski, & Holland (2005) 参照。

[3] リーディングスパンを使ったｆＭＲＩの実験はBunge et al. (2000) によってなされた。オペレーションスパン課題のｆＭＲＩの実験はSmith, Geva, Jonides, Miller, Reuter-Lorenz, & Koeppe (2001) による。空間的スパン課題はShah & Miyake (1996) によって開発された。ｆＭＲＩの実験はKondo, Osaka, & Osaka (2004) によってなされた。

重課題条件において高かったが、高スパン群の前頭前野の活性化は二重課題と単独条件で差がなかった。空間的スパン課題においては文字と矢印が順番に提示され、被験者は矢印の指し示す方向を保持しながら、文字が正立か鏡映かの判断を求められた。空間的スパン課題に関係した脳活動を調べたところ、二重課題条件において、高スパン群は右半球の背外側前頭前野と前部帯状回の活性化が低スパン群よりも高かった。

最近の神経科学は、知能に関しても新たな見方を提供している。主な見方としては三種類が考えられる。ひとつは前頭前野が流動性知能においては大きな役割を果たすというものである。[4] 前頭前野は、流動性知能に必要な問題の構造を分析し、解法のアルゴリズムを発見し、論理的な思考を行うといった能力に関係している。したがって、前頭前野が流動性知能の主要な機能を担うというのがこの立場である。2つ目は流動性知能は前頭前野に局在しているのではなく、脳の幅広い領域にまたがるネットワークのダイナミックな協調によって達成されているとする考え方である。3つ目は前の2つのハイブリッドであるが、流動性知能が実現されるためには前頭前野と他の脳領域の活動が統合されなくてはならないとする立場である。たとえば、「頭頂－前頭統合理論」(parieto-frontal integration theory：Ｐ－ＦＩＴ)によれば、知能は前頭前野のような単独の脳領域の活動ではなく、頭頂葉から前頭葉を中心とした分散的大規模ネットワークの活動が知能や思考の個人差に関係しているとする考えである[5](図13－1)。そこではいくつかの前提がある。(1)情報入力を司る感覚・知覚野(後頭葉と側頭葉)は知能において重要な役割をもつ。(2)感覚知覚情報は頭頂葉に送られるが、

[4] たとえば、Duncan et al. (2000); Grey, Chabris, & Braver (2003); Prabhakaran, Smith, Desmond, Glover, & Gabrieli (1997)

[5] たとえば、Deary et al. (2010); Jung & Haier (2007); Neubauer & Fink (2009); Prabhakaran, & Rypma (2007)

それは主に下頭頂葉において統合される。（3）後頭連合野から送られた情報に基づいて前頭前野において、当該の課題に対する解決が行われる。（4）前部帯状回 はその情報処理の過程のモニタリングや、競合する反応の抑制、また結果の評価に関係する。（5）頭頂葉と前頭前野は主要な神経束である弓状束（arcuate fasciculus）、上縦束（superior longitudinal fasciculus）でつながれており、知能において重要なのは双方向の信号伝達の効率である。本章では知能と脳内ネットワークの関係について、神経効率（neural efficiency）、神経同期（neural synchronization）、そして神経適応（neural adaptability）の3点から検討する。[6]

神経効率（Neural Efficiency）

知能の高い人たちの脳活動の特徴のひとつは、処理資源の効率的な使用にある。[7] われわれは外界、内界の情報を処理するにしても何らかの活動をするにしても、一度にできることには限界がある。これは認知心理学の観点から見ると、人間は処理資源の限られたシステムであるということになるのだが、この問題は先述の自動化の問題と密接に関係している。自動化とは基本的にはある活動をするのに必要な処理資源の程度をさすが、自動化の程度が高まるにつれて、同じレベルの活動を支えるのに少しの処理資源ですむようになる。

さて自動化に対応した脳活動を考えると、通常は制御的処理のほう

[6] たとえば、Prat, Keller, & Just (2007); Prat, Mason, & Just (2011)

[7] たとえば、Haier et al. (1988); van den Heuvel et al. (2009)

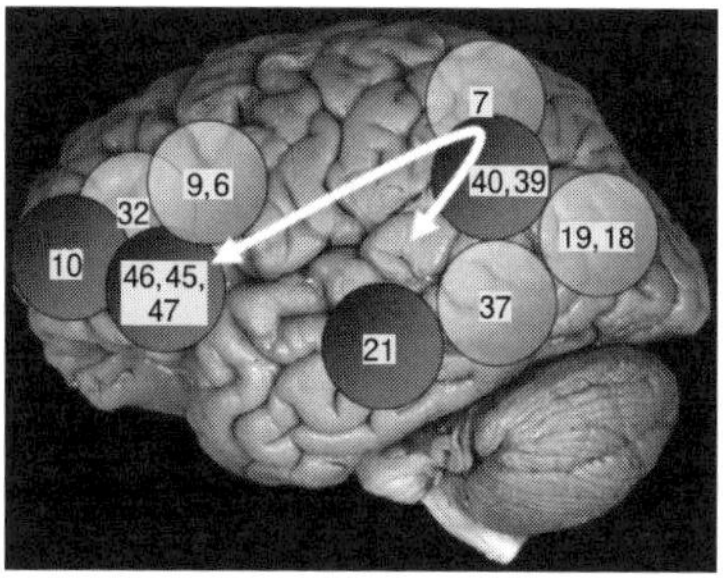

図13-1　P-FIT のモデル
（Jung & Haier, 2007を改変）
図の番号はブロードマンの領域をさす。前から9、6：背外側前頭前野、10：前頭極、32：前部帯状回、46、45、47：下前頭回、7：上頭頂葉、40、39：下頭頂葉、21：中側頭葉、37：後部下側頭葉、19、18：後頭葉

が脳活動の程度が高いのであるが、これは多くの処理資源を必要とすることに対応していると考えられる。これに対して、自動化の進んだ処理の場合はそれほど多くの処理資源を必要としないため、脳の活動も比較的低くてすむ。たとえば、新奇な課題を遂行する場合は多くのニューロンが関与するが、課題が自動化するにつれて限られた数のニューロンで十分となり、初期に使われたニューロンの何割かは不必要になって、課題の遂行から除外されるようになる。したがって、自動化の程度が進むにつれて関連領域の活性化が低下する。[8] さらにそのような場合は、調節機能に関する活動も低下する可能性がある。つまり前頭前野は課題管理の機能を担っているのだが、それが活性化として現れるのはある程度以上の課題の負荷がかかった場合に限られるという可能性である。フュスターのモデルでいえば、最初は高次の思考を経由して運動系に伝わっていたプロセスが、練習や経験が増えるにつれて、高次の過程を経なくとも運動系が制御できるようになるプロセスであると考えられる。

課題遂行の成績が同一レベルまたはより高いレベルに上がっているのに脳活動が減少しているもうひとつのケースに、プライミング（priming）がある。プライミングとは先行する経験が後行する刺激の処理に影響する現象をさす。プライミングはもともとは認知心理学の意味記憶の分野で発見された現象である。たとえば、意味的プライミングと呼ばれる現象があるが、そこでは単語が1つずつ呈示され、実験参加者はその単語を声に出して読むことが要求される。この場合、先行する単語（プライムと呼ばれる）と後行する単語（ターゲット）の間に意味的な関連がある場合、後行する単語に対する反応時間が短くなる（意味プライミ

［8］たとえば、Buchel et al. (1999); Rainer & Miller (2000); Ramsey et al. (2004)

ング：semantic priming）。たとえば、先行する単語（プライム）が「病院」で、後行する単語（ターゲット）が、「医者」である場合の「医者」に対する反応時間は、プライムが「学校」である場合に比べて短くなる。または以前に見たことのある刺激が再び呈示された場合は、二度目の試行における反応時間は短くなる（反復プライミング：repetition priming）。このようなプライミングにおいても脳の活動の低下が見られる。これは最初に刺激を処理しなければならなかったときに比べて、二度目の場合はすでに一度刺激の処理に対応した脳領域が活動しているため、より少ない資源で情報が処理できることを表していると考えられる。したがって、少ない資源で同じ処理ができるほうが無駄が少ないわけであり、より処理の効率が高いと考えられる。一般的に、技能のレベルが上がると、より少ない資源で情報処理ができるようになる。[9]

しかし、処理資源の効率的な利用は必ずしも脳活動が低いことを意味しないし、むしろ注意資源の配分が適切であるということかと思われる。つまりそれぞれの処理過程に対して必要最小限の処理資源を割り当てることによって、課題を遂行することができるということであるかと思われる。したがってこの観点に立つと、認知能力または知能が高いということは、問題解決に関する基礎的な過程が自動化している場合が多いこと、また個々の処理に対して必要最小限の資源を割り当てることによって重要な処理に対して多くの資源を割り当てられるということであり、それが効率的な情報処理につながると思われる。反対に、知能が低いということは、多くの問題解決に関する基礎的な処理が自動化していなかったり、処理

[9] プライミングに関しては、たとえば、Henson (2003) を参照。Haier et al. (1988); Neubauer & Fink (2009); Newman, Carpenter, Varma, & Just (2003)

資源の配分が適切でなく、ある処理に対しては不必要に多くの資源を配分したり、別の処理に対して十分な資源を分配できなくなることによって、効率的な情報処理が妨げられるということであるかと思われる。

神経同期（neural synchronization）

課題に関連した脳領域間のシンクロナイゼーションの程度の高さ、換言すれば脳の課題関連諸領域が同期して活動していることも、効率的な情報処理には必要である。これは先述の機能的結合性とも関係している。[10] 学習や習熟が進むにつれて関連領域間の機能的結合性は上昇する。たとえば、さまざまな言語理解課題において読解能力の高い人たちは低い人たちに比べて高い機能的結合性を示す。また詳しくは後述するが、自閉症などの神経学的障害においても機能的結合性の低さが指摘されている。これは先述の神経効率とも関係するが、自動化の程度が進むということはある課題を遂行するのに使われるネットワークが定まってくるということであるかと思われる。すなわち感覚入力系から運動出力系に至る最短のネットワークルートが決まる。そしてそのネットワークは課題の自動化の程度によっては、前頭前野による修正をほとんど受けないですむ可能性もある。

神経適応（neural adaptability）

知能の高いことのもうひとつの重要な要因は、課題状況の変化に対する対応のよさである

[10] 機能的結合性の上昇：たとえば、Buchel, Coull, & Friston (1999)、言語理解課題における機能的結合性：たとえば、Prat et al. (2007)、自閉症における機能的結合性の低さ：たとえば、Just et al. (2004); Koshino et al. (2005); Koshino et al. (2008)

かと思われる。これはタスクスイッチング、または処理過程間のスイッチングとも関係するかと思われるが、要するに処理資源を必要なときに、当該の脳領域に必要なだけ配分できるということであろう。たとえば、推論能力の高い人たちは課題の難易度が上がるにつれてグルコースの消費が増加したが、類論能力の低い人たちはグルコース消費の違いを示さなかった。また文章理解課題において、読解能力の高い人たちは低い人たちに比べて難易度が高い場合により高い脳活動を示し、また機能的結合性の上昇を示した[11]。

13-2　社会脳ネットワークの個人差

第I部では、社会脳の個人差についてはあまり触れられなかった。ここで、社会脳ネットワークの個人差をマインドワンダリングから考えてみたい。最近、認知課題を遂行中のマインドワンダリングが認知心理学の分野でも盛んに研究されている。

認知心理学の立場から見ると、現在のところマインドワンダリングとワーキングメモリの関係に関する説明としては、主に2つの立場がある。ひとつはマインドワンダリングは処理資源を必要とするというものであり、もうひとつはマインドワンダリングは認知コントロールの失敗によるものであるとするものである。この2つの考えは必ずしも相反するようには見えないのだが、ワーキングメモリの容量に関しては相反する予測をする。たとえば、実行系注意仮説はワーキングメモリ容量の個人差は実行系注意をコントロールする能力の差であ

[11] 難易度の変化に対応した脳活動の変化に関しては、たとえば、Larson, Haier, LaCasse, & Hazen (1995); Prat et al. (2007) などを参照。

るとする。[12] したがって、ワーキングメモリ容量の大きい人たちは注意をコントロールする能力が高いことになる。したがって、マインドワンダリングが認知コントロールの失敗によるものであるならば、ワーキングメモリ容量の大きい人たちよりも容量の少ない人たちのほうがマインドワンダリングを起こしやすいことになる。反対にマインドワンダリングが処理資源を必要とするならば、ワーキングメモリ容量の大きい人たちのほうがマインドワンダリングを起こしやすいことになる。

それではこれを脳の観点から見てみたらどうなるのであろうか？ 前述のように、マインドワンダリングが起きている際にはＤＭＮが活動している。しかし認知課題遂行中であれば、ＷＭＮも活動していると考えられる。したがって、認知課題遂行中にマインドワンダリングが起きるということは、ＷＭＮとＤＭＮの両方が活動しなくてはならないため、マインドワンダリングは資源量の多い場合に起きやすいということになる。一方、マインドワンダリングは認知コントロールの失敗によるという仮説に立てば、認知活動中はＤＭＮの活動を抑制してＷＭＮの活動を維持すべきなのだが、それができなかったということになる。

以前にも見たように、ＤＭＮとＷＭＮは常にというわけではないが、反対の関係にあることが多い。つまり社会脳ネットワークが活動するときは認知脳ネットワークが沈黙する。社会脳ネットワークの活動が上昇すると、そのために必要な処理資源の需要が増え、結果として認知脳ネットワークに振り分けられていた処理資源が低下する。また逆に認知脳ネットワークが活動するときは社会脳ネットワークの活動が低下する。この考えは、さらに個人差

［12］実行系注意仮説（executive attention hypothesis）に関しては、たとえば、Engle (2002) を参照。マインドワンダリングとワーキングメモリの関係に関する2つの見方について、マインドワンダリングは処理資源を必要とするというものは、たとえば、Levinson, Smallwood, & Davidson (2012); Smallwood & Schooler (2006) などを参照。マインドワンダリングは認知コントロールの失敗によるものであるとするものは、たとえば、McVay & Kane (2010) などを参照。

に関して発展させることができる。認知脳ネットワークの機能が社会脳ネットワークに比べて優位な人たちは、対人関係はあまりうまくないが技術的、工学的問題に関しては優れた問題解決能力をもつことが多い。職人、エンジニアなどの中にはこういう人たちはたくさんいると思われる。もっと極端な場合は、科学における天才と呼ばれる人たちの中にはこのようなケースが少なからず見られるようである。たとえば、ケンブリッジ大学のキャベンディッシュ研究所にその名を残すヘンリー・キャベンディッシュや、アインシュタインのような人たちである。ヘンリー・キャベンディッシュが極端な人間嫌いであったことは知られている。アインシュタインの頭頂葉は一般人に比べて著しく大きかったのだが、そのことが彼のきわめて優れた視覚的思考能力を支えていたとされる。それに対して、アインシュタインは必ずしも社会性の高い人であったわけではないため、アインシュタインは自閉症（アスペルガー症候群）であったとする人たちもいる。反対に社会脳ネットワークが認知脳ネットワークに対して優位な人たちはシステマティックな思考に強いとは限らないが、人当たりがよく、社会性に優れていると思われる。企業の中で技術者との対比でいえば、おそらく営業をやっている人たちにより多く見られるタイプであろう。もちろん両者に優れた人たちもいる。さらに個人差に関しては、安静時の脳活動が知能や創造性と関係しているという研究もある。[13]

[13] Takeuchi et al. (2011)

14章　ネットワークの障害または機能不全——自閉症を例にとって

14-1　自閉症の特徴

さまざまな心理学的、神経学的障害は脳内ネットワークの機能不全として捉えることもできる。たとえば、自閉症（以下では、自閉症スペクトラム症（ＡＳＤ）を自閉症と略す）は認知脳ネットワークの障害であると同時に、社会脳ネットワークの障害でもあると考えられる。そこで、この章では自閉症を例にとって、認知脳ネットワークと社会脳ネットワークの障害について考える。

自閉症は発達障害のひとつであるが、近年増加傾向にあることが指摘されている。これは現代社会における自然および社会環境の変化による可能性があるし、また自閉症に対する社会の認識が進んだ結果、昔は見逃されていたケースが現在では自閉症と診断されるようになってきたことによる可能性もある。自閉症の診断基準としては対人的、社会的な相互作用、および言語的、非言語的意思伝達に遅れや異常が見られ、限られた興味の範囲を示し、反復的、儀式的な行動を伴うものと定義される。通常は3歳以前に発症するが、最近は1歳くらいで診断されることもある。自閉症の特徴に関して、映画の『レインマン』の中でダスティン・ホフマンが自閉症者の役を演じたが、自閉症の特徴をよく捉えていた[1]。また自閉症者が顔刺激の処理に障害があることは、実験をまつまでもなく自閉症者と接触のある人たちは日常的に経験していることである。レインマンも話すとき、人の顔、特に目を見なかった。また発症率に関しては、従来は0・6%くらいとされてきたが、最近は増加傾向にあるようである。これにはいくつかの理由が考えられる。ワクチンの接種や水銀の影響なども取りざたされるが、おそらくひとつには、社会の中で自閉症に関する理解が進んだ結果、今までは他のものに帰属されていたケースが自閉症として診断されるようになってきたことなども考えられる。

また男女比は約4対1と、男子に圧倒的に多い。このことは自閉症における遺伝子の関与を示唆している。また自閉症は単独の障害ではなく、複数の症状をもち、また軽度から重度にまたがるスペクトラム症候群として捉えられている。ちなみにアスペルガー症候群は通常高機能自閉症と同様に見なされているが[2]、ここでもそのように取り扱う。

14-2 自閉症の情報処理

自閉症の情報処理の特徴は主なものとしては、(1)低次レベルの視知覚過程である特徴抽出などに依存した処理の傾向が見られること、(2)それに対応して後頭部の活性化に比べて、前頭部の活性化が比較的低いことが多いこと、(3)右半球よりも左半球の活性化の

[1] ダスティン・ホフマンが演じた役はキム・ピーク(Kim Peek)という実在の人物に基づいている。キム・ピークについては、たとえば、「Kim Peek - The Real Rain Man」(Youtube)などで見ることができる。自閉症の情報処理の特徴については、たとえば、Frith (2003); Sacks (1996); Treffert (1989)など。

[2] 自閉症の定義はアメリカ精神医学界(American Psychiatric Association, 1994)による。発症率に関しては、Fombonne (2003)

ほうが低いことが多いこと、（4）顔の情報処理の特異性、そして（5）社会的刺激に対する情報処理の特異性（たとえば心の理論）などが挙げられる。また自閉症に関する理論はいくつかある。その主なものとしては「弱い中心的統合性（weak central coherence）」、「心の理論障害」、「ミラーニューロン障害」などが挙げられる。以下、本章ではこれらの特徴を順に検討し、最後に自閉症を脳内ネットワークの障害とする仮説のひとつである「結合性不全仮説（underconnectivity）」について検討する。[3]

まず、視覚的特徴抽出に依存した情報処理の傾向に関してであるが、自閉症者の絵には視覚的にきわめて細部の描写に優れたものがある。また『レインマン』の中でダスティン・ホフマンは床に散らばった爪楊枝の数を瞬時に判断したが、自閉症者の中にはそれが本当にできる人たちがいる。自閉症の人たちは特徴抽出に基づいた視覚的空間的情報処理に重点が置かれる課題、たとえば、ウェクスラー知能検査のブロックデザイン（図14－1）やオブジェクトアセンブリーにおいて、知能や年齢などをコントロールした統制群と同じか、またはそれよりも高成績を示すことも多い。[4] また隠し絵課題（図14－2）はもともと認知スタイルと呼ばれる分野の研究者によって考案されたが、そこでは、実験参加者はターゲットの形をより複雑なパターンの中から検出することを求められる。複雑なパターンは文脈情報であるのだが、この課題においては妨害刺激のような役割を果たす。したがって、ターゲットをより速く正確に検出できる人たちは、複雑なパターンにとらわれる度合いが少なかったことによるとされ、「場独立」であるといわれる。これに対して、「場依存」の人たちはより複雑なパ

［3］「心の理論障害」：たとえば、Frith & Frith (2003); Gallagher & Frith (2003)、「弱い中心的統合性（weak central coherence hypothesis）」：Frith (1989); Hill & Frith (1993)、「ミラーニューロン障害仮説」：Oberman et al. (2005); Dapretto et al. (2006)、「連結性不全仮説（Underconnectivity）」：Just et al. (2004)

［4］ウェクスラー知能検査のブロックデザインやオブジェクトアセンブリーについては、Frith (1989); Shah & Frith (1993)

ターンの影響を受けるためターゲットの検出が遅く、また不正確になるとされる。この課題においても、自閉症群は統制群よりもターゲットをより速く正確に検出できた[5]。

視覚探索という課題においては、あらかじめ決められたターゲット（文字や形）を複数の刺激の中から見つけることが要求される。これは何も心理学の実験室に特有な課題ではなく、われわれは実はこの視覚探索を日常的に行っている。本棚から本を探すとき、店の商品棚から商品を探すときなど、視覚探索をしている機会は非常に多い。視覚探索においては、自閉症群は統制群と比べて複雑な刺激状況にあってもターゲットの検出が速いし、特徴探索（feature search）と結合探索（conjunction search）の差が小さい[6]。（図14－3）グローバルローカル課題においてはグローバルな情報とローカルな情報が混在している。たとえば、グローバルな文字「H」がローカルな文字「S」で書かれているような場合である。このような場合、統制群ではグローバル情報が優先して処理されるのであるが、自閉症群ではグローバル情報もローカル情報も同じように処理される[7]（図14－4）。エビングハウスの錯視を使った実験では、自閉症者は錯視を起こしにくいという報告もある。エビングハウスの錯視においては複数の円によって囲まれている中心の円の大きさを判断することが要求されるが、その判断は周囲の円の大きさによって左右される。結果としては、自閉症群のほうが周囲の円の影響を受けにくかっ

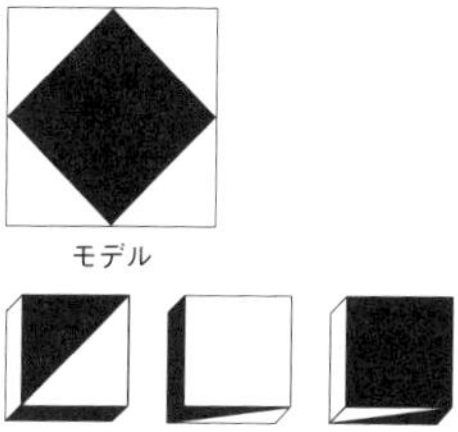

図14-1　ブロックデザイン

下のようなブロックを使ってモデルのパターンを作ることが要求される。

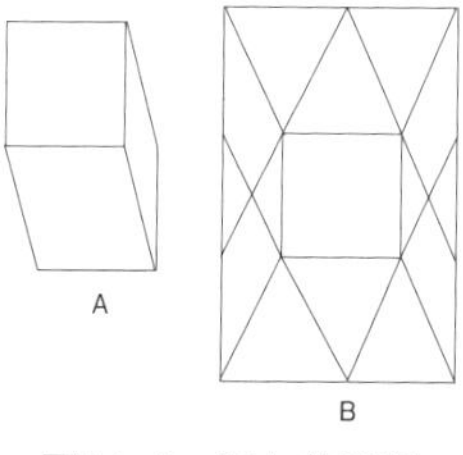

図14-2　隠し絵課題

Aの図形をBのパターンの中から見つけることが要求される。

[5] 隠し絵課題は、Witkin (1977) の Embedded Figures Test（EFT）(Jollife & Baron-Cohen (1997); Shah & Frith (1993))。

[6] 特徴探索 (feature search) と結合探索 (conjunction search)：O'Riordan et al. (2001); Plaisted et al. (1998)。

[7] グローバルローカル課題：Plaisted et al. (1999)

た[8]（図14－5）。その反面、自閉症者は複雑な言語的な高次認知機能を必要とする課題を苦手とする。たとえば、自閉症群は多義的な単語の処理の際に、文脈情報を使用することが統制群より少ない[9]。

これらの行動的なデータを統合するために提案されたのが「弱い中心統合性仮説」である。そこにおいては中心統合性とは情報処理において、低次の特徴を階層的に統合して高次の意味を見出すような働きをさすが、自閉症者はそれが弱いとされる。つまり、自閉症者は低次の特徴に依存した情報処理をする傾向があるが、それらの特徴を統合して高次の意味的構造を形成するのに問題があり、したがって彼らにとっては環境刺激の意味を見出すのが困難となる。換言すれば、人間は一般には枝葉末節にとらわれないで、中心的な意味に注意する傾向があるが、自閉症者は枝葉末節に注目する傾向が強く、それが中心的な意味を見出しにくくしているということである。

そのような情報処理の傾向に対応した脳の活動として、自閉症者では認知課題遂行中に後頭部（後部頭頂葉、後部側頭葉、および後頭葉を含む）の活性化が比較的高いのに対して、前頭葉の活性化が比較的低いということが挙げられる[10]。たとえば、リングらは

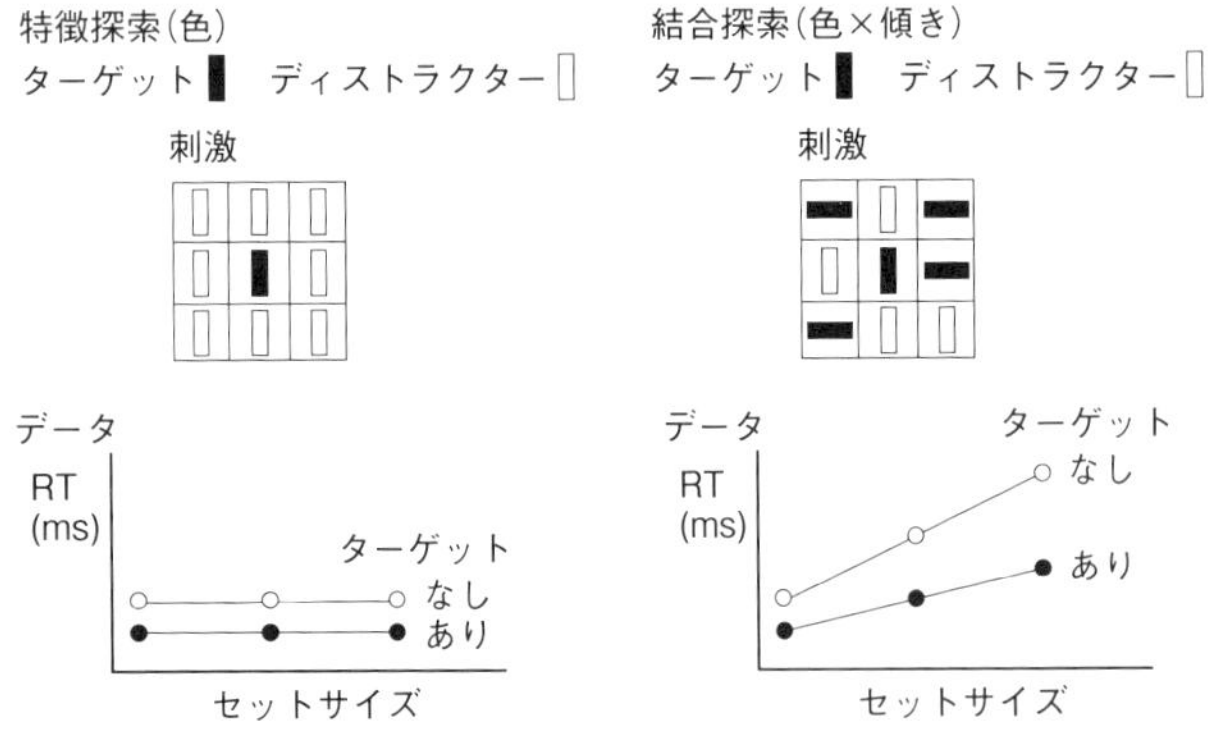

図14-3　視覚探索

どちらの探索においても、ターゲットを刺激の中から見つけることが要求される。特徴探索においてはターゲットがあるかないかの判断に要する反応時間は刺激の数（セットサイズ）には依存しない。つまりいくつ刺激があっても反応時間は一定である。これに対して、結合探索では反応時間は刺激の数が増えるほど長くなる。

[8] 錯視（Happe (1996)。しかしこの結果に対しては反論もある（Roper & Mitchell (1999)。

隠し絵課題を遂行中の脳の活性化をｆＭＲＩを用いて調べた。前述のように自閉症群は統制群よりも隠し絵課題において高い成績を示すことが報告されているのだが、彼らのｆＭＲＩの結果は、統制群は前頭前野により高い活性化が見られたのに対し、自閉症群は後頭部（腹側側頭後頭葉）の活性化のほうが高いという特徴が見られた。ジャストらは文章理解課題を用いたが、統制群はブローカ領の活性化のほうが高かったのに対し、自閉症群はウェルニッケ領の活性化のほうが高かった。越野らはアルファベット文字のＮ－バック課題を用いたが、自閉症群と統制群の間には反応時間と誤答率に関しては差はなかった。前頭前野の活性化は両群間で右半球はほぼ等しく、左半球では自閉症群のほうが低かった。これに対して、下部頭頂葉はワーキングメモリのサブシステムに関係するとされるのだが、そこにおける活性化は、左半球では統制群のほうが高く、右半球では自閉症群のほうが高かった。これらの前頭葉での活性化のパターン、および頭頂葉では左半球は構音ループに、そして右半球は視覚空間的スケッチパッドに対応していることを考慮すると、このことは統制群は文字刺激を音声コード化して保持したのに対し、自閉症群は視覚的イメージのまま保持した可能性を示唆している。また自閉症群は下部側頭葉、下部外線状皮質の活性化を示したのに対し、統制群はほとんど活性化を示さなかった。このことは、文字刺激の処理において、自閉症群は特徴抽出にかかわるこれらの領域での情報処理に重点が置かれたのに対

図14-4
グローバル-ローカル課題

一致条件ではローカル刺激（H）とグローバル刺激（H）が一致している。不一致課題ではローカル刺激（S）とグローバル刺激（H）は一致していない。

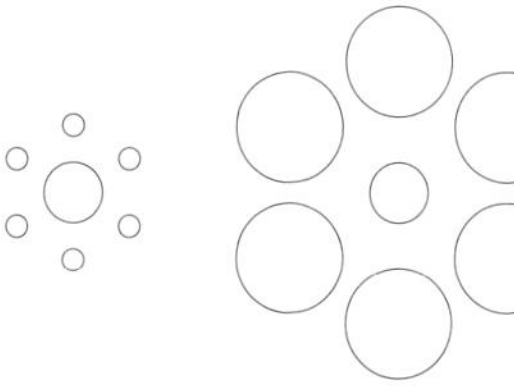

図14-5
エビングハウスの錯視

右と左の刺激で中心の円の大きさは同じに見えるだろうか？　多くの人は左の中心円のほうが右の中心円より大きく見えると答えるが、実際には両者は同じ大きさである。

し、統制群の被験者にとっては文字刺激の処理はあまりに自動化されたものであるために処理資源を必要としなかったことが考えられる。つまり自閉症群はワーキングメモリの障害は見られなかったが、統制群とは異なった処理様式を使用していることが示唆された。

自閉症者は大脳半球間での活動を比較すると右半球よりも左半球の活性化のほうが低いことが多いのであるが、このことに基づいて自閉症の左半球機能障害仮説が提案されている。[11] たとえば、言語刺激と音楽刺激を用いて側性化を調べた研究では、自閉症群は、右半球で言語を処理し左半球で音楽を聴く傾向を示した。両耳分離聴法（左右の耳に別々に異なったメッセージを流す方法）を用いて一音節の単語の処理を調べた実験においては、自閉症群は右半球の優位性を示した。これらの結果から、自閉症群は言語情報の処理を右半球で行っている可能性が示唆された。言語的および非言語的音刺激を聞く実験においては、通常は言語的刺激は左半球で処理されることが多いのだが、自閉症群は言語的音声刺激に対しても右半球優位の活性化を示した。また発話に似た聴覚刺激の処理においても、自閉症群が右半球優位の活性化を示したことが報告されている。自閉症のワーキングメモリと情報処理の特徴については、越野[12]を参照されたい。

14-3 自閉症の社会的情報処理の特徴

自閉症の対人的、社会的相互作用の障害はさまざまな領域において見られる。[13] 顔の情報処

[9] 複雑な言語的な高次認知機能：たとえば、Minshew et al. (1997)、高次認知機能の障害に関しては実行系機能障害仮説がある。たとえば、Hill (2004)。多義的な単語の処理については、Snowling & Frith (1986) 参照。

[10] Ring et al. (1999); Just et al. (2004); Koshino et al. (2005)

[11] 側性化：Blackstock (1978)、両耳分離聴法：Prior & Bradshaw (1979)、言語的および非言語的音刺激：Muller et al. (1999)、発話に似た聴覚刺激の処理：Boddaert et al. (2002)

[12] 越野 (2005)

理に関する研究の結果としては、自閉症者は目よりも口に注意を払うことが多いことが報告されている。またｆＭＲＩを使った研究では、自閉症者は顔の認識の際の紡錘状回顔領域の活性化が低いことが、多くの研究者によって報告されている。また人間の顔とそれ以外の物体とは下部側頭葉の中でも異なった領域で処理されるが、自閉症者の場合は同じ領域で処理されているという報告もある。

シュルツらによれば、自閉症者の顔の弁別の際には下部側頭葉の活性化が見られたが、この領域は統制群では顔以外の物体の認識の際に活性化が見られた。このことから、自閉症群は顔と物体を同様に処理している可能性が示唆された。また越野らは顔の刺激を使ったＮ－バック課題中の脳の活動を調べる実験を行った。この実験では白人男性の顔写真が刺激として使用されたが、反応時間と誤答率に関しては自閉症群と統制群の間に差がなかった。また両群とも通常Ｎ－バック課題で活性化される領域、左右の前頭極、中前頭回、下前頭回、そして、下部頭頂葉領域に活性化が見られた。しかし自閉症群は右半球優位の活性化を示し、左半球の活性化は非常に低かったのに対し、統制群においては両半球に活性化が見られた。これらの結果から、再び、自閉症群はワーキングメモリの障害は見られなかったが、統制群とは異なった処理様式を使用していることが示唆された。また統制群は紡錘状回顔領域および右半球の上、中側頭回に活性化が見られたが、自閉症群は紡錘状回の中でも物体認識に近い領域の活性化を示した（図14－6）。

顔の刺激に対する右半球の上、中側頭回の活性化は、顔刺激のもつ社会的および感情的側

［13］顔刺激の処理は紡錘状回顔領域というところで行われる（Kanwisher, McDermott, & Chun (1997)。自閉症における顔刺激の処理の障害（たとえば、Critchley et al. 2000. また Schultz, 2005 のレビューを参照のこと）。目よりも口に注意を払うことが多い（たとえば、Klin et al. (2002); Pelphrey et al. (2002)。しかし一方では、実験中に注視点を固定するように教示し、また顔刺激を注視点上に呈示した場合は統制群との間に差がなかったという結果も報告されている（たとえば、Hadjikhani et al. (2004); Pierce et al. (2001)。また顔を物体のように処理するという点に関しては、Koshino et al. (2008); Schultz et al. (2000) 参照。

面の処理や心の理論に関係しているとされる。今回の実験では、被験者は個々の顔を記憶することが求められただけで、刺激の社会的または感情的側面や心の理論に関するような処理は求められていないのだが、それにもかかわらず統制群においては上、中側頭回に活性化が見られたことは、われわれが顔を見たときの感情的、社会的処理がいかに自動的なものかを示唆していると思われる。つまり、われわれは人の顔を見るとき、自動的にその人の現在の感情状態、機嫌がいいか不機嫌か、性格、優しそうな人か怖そうな人か、などの判断をしているようである。また前述のように自閉症者が顔の刺激を処理する際に活性化した下部側頭葉の領域は、統制群では物体を処理する際に活性化されるという結果を報告している。それらを考え合わせると、この結果は、自閉症群は顔刺激をおそらく物体と同じように処理した可能性を示唆している。

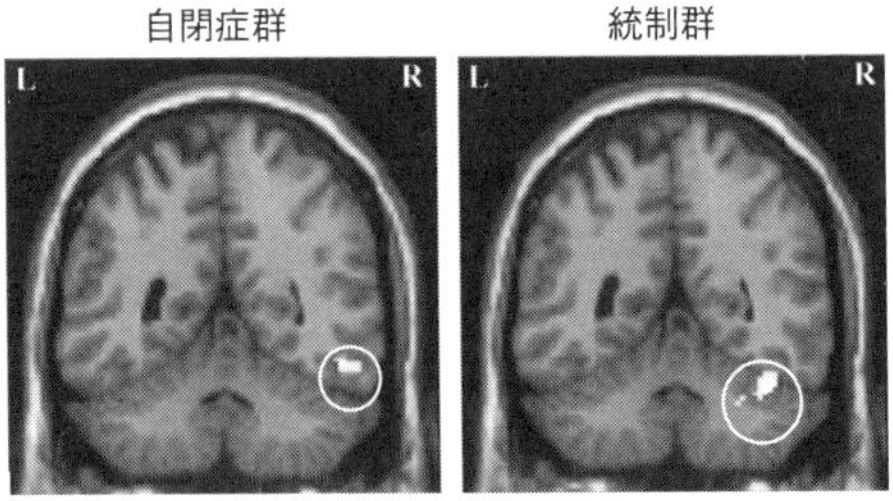

図14-6　物体認識領域と顔認識領域
(Koshino et al., 2008 を改変)
統制群は紡錘状回顔領域に活動が見られたが、自閉症群は紡錘状回の中でも物体認識に近い領域が活動を示した。

14-4　自閉症の心の理論障害仮説

自閉症の社会的障害に注目したものに、「心の理論障害仮説」がある。[14] 心の理論は先述のように自分や他者の心の状態、たとえば、意図、信念、欲求、知識などを表象する能力であるとされるが、自閉症者はその能力に乏しいことが彼らの社会的障害の主な要因であるとする考え方である。第I部でも述べたように、健常児は通常2〜3歳頃までには心の状態を

[14]「心の理論障害仮説」：たとえば、Frith (2003); Frith & Frith (2003); Klin (2002)

表す言葉を獲得し、さらに5～8歳頃までに間違った信念（誤信念）、ごまかしや嘘などのより高度な概念を獲得するとされる。この基礎となるのが健常児の、人間の顔、声、動きといったものに対して注意を払う傾向であり、他者の視線を追ったり、関心の対象となっている物体を指し示す能力であるとされる。ところが、自閉症児は他者の視線を追ったり、関心の対象となっている物体を指し示す能力に乏しいとされる。いくつかの研究によれば、たとえば健常児は人間の声をそうでない音よりも好む傾向があるが、この傾向は自閉症児に見られない、また人間の顔とそれ以外の物体とは下部側頭葉の中でも異なった領域で処理されるが、自閉症者の場合は同じ領域で処理されているという報告もある。

心の理論をテーマとした実験を紹介しよう。サボタージュと欺瞞課題においては、実験に参加している子どもは2つのぬいぐるみを見せられる。ひとつは「友達」のウサギであり、もうひとつは「泥棒」のオオカミである。実験参加の子どもの前にはお菓子の入った箱が置いてある。子どもは「友達」が来たら箱を開けるのを助けてやって、「泥棒」が来たら箱を閉めてお菓子を取られないようにしなければならないと教示される。サボタージュ条件の場合は箱のそばに鍵が置いてあり、箱に鍵をかけることができる。したがって、子どもはオオカミが来た場合は箱に鍵をかければ、オオカミは箱の中のお菓子を盗ることができないし、ウサギが来た場合は鍵を開けてやればウサギはお菓子が取れる。この条件の場合は自閉症児も健常児も共にウサギにはお菓子をあげて、オオカミからはお菓子を守ることに成功する。欺瞞条件の場合は鍵が置いてないため、箱に鍵がかけられない。したがって、実験参加の子どもはウサギが来たら鍵はかかっていないから箱は開けられると言えばよいが、オオカミが来たら鍵がかかっていて箱は開けられないと嘘をつかなくてはならない。この条件においては、健常児はお菓子を守るための嘘がつけるのだが、自閉症児はそのような嘘がつけない。これらの結果は、自閉症児が心の理論に障害をもつとする仮説を支持する。[15]

心の理論に対応した脳内のネットワークとしては、前述のように、内側前頭葉と前部帯状回、上部側頭回、そして側頭極があげられる。[16] 心の理論課題を使ったブレインイメージングの研究においては、自閉症群は統制群に比べて上部側頭回の活動を示さず、また内側前頭葉の活動も低かった。または自分と他者に関する判断において、物理的な判断と心の理論を必要とするような判断を比較した場合には、自閉症群は心の理論を必要とするような判断課題において、右半球の側頭‐頭頂接合部の活動を示さなかった。

[15] サボタージュと欺瞞課題：Sodian & Frith (1992)

[16]「心の理論」に対応した脳内のネットワーク：たとえば、Castelli et al. (2002); Frith (2003); Frith & Frith (2003); Gallagher & Frith (2003); Lombardo et al. (2011)

14‐5 自閉症のミラーニューロン障害仮説

もうひとつ心の理論とも深く関係しているが、自閉症の社会的障害に焦点を当てたものに「ミラーニューロン障害仮説」がある。これは自閉症の社会的障害を中心としたさまざまな障害の基底には、ミラーニューロンの障害があるとする仮説である。[17] もし、後述するようにミラーニューロンが共感の発達の基礎にあるとすれば、自閉症のミラーニューロン障害仮説は非常に高い説明力をもつことになる。もし、ミラーニューロンが共感能力の基盤にあり、

[17] 自閉症のミラーニューロン障害仮説：たとえば、Hadjikhani et al. (2006); Oberman et al. (2005)

自閉症はミラーニューロンの障害のため共感能力を発達させることができないとすれば、先述のバロン・コーエンのような自閉症者において共感能力が欠如しているのは、自閉症者の脳が極端な男性脳であるという理論は妥当性をもつことになる。

読者の中には自閉症のミラーニューロン障害仮説に対して違和感を覚える方もおられるかもしれない。なぜなら自閉症の人たちと接すると、彼らが他者のすることを模倣することを目にする機会もあるからである。しかし、ここで重要なのは、2つのタイプの模倣を区別することである。英語で言うと mimicry と imitation の違いとなる。Mimicry とは意図を理解しない行為のみの模倣であり、単に真似をしているだけである。これに対して、imitation とは意図を理解したうえでの行動の模倣である。つまり、自閉症の人たちは mimicry はできるのだが、imitation ができないのだ。自閉症の子どもが「ごっこ遊び」を苦手とする理由のひとつであると思われる。

14-6　自閉症は脳内ネットワークの障害 —— 結合性不全仮説

自閉症に関しては、そのさまざまな症状や情報処理の特徴は脳内ネットワークの結合の弱さによるものであるとする理論が提唱されている。[18] ジャストら[19]は「結合性不全仮説」を提案しているが、それによると、自閉症の障害は多くの場合高次認知機能を必要とする課題において見られるが、これは基本的には脳の異なった部位の間での連絡、協調が低いため情報が

[18] Just et al. (2004); Koshino et al. (2005); Koshino et al. (2008)

[19] Just et al. (2004)

統合されないことに起因するとされる。

機能的結合性を調べた研究においては、自閉症群が低い機能的結合性を示すことはさまざまな課題において報告されている。またこの傾向は特に前頭‐頭頂ネットワークにおいて顕著である。前頭葉と頭頂葉をつないでいるネットワークが弱いということは、後頭部で処理された情報が統合されつつ前頭部に送られるというボトムアップの情報処理の機能が弱いことになる。これは、行動のレベルでは先述の「弱い中心統合性仮説」とも対応している。しかし同時に前頭葉から後頭部へのトップダウンな情報処理にも障害をきたすことになる。つまり外的情報を処理するうえでの前頭葉による後頭部のコントロールや、前頭葉でなされた情報処理の結果が後頭部にフィードバックされ、それによって後頭部での処理が最適化されるといった機能の障害である。

この理論は、自閉症者は文脈情報の利用を苦手とするという実験結果をよく説明すると思われる。先述のように、自閉症者は錯視を起こしにくいが、これは周囲の刺激（文脈情報）の影響を受けにくいということであると思われる。また、多義語の処理の際に文脈情報を使用することに関して、統制群より少ないという結果も報告されている。他方ではブロックデザインや隠し絵課題における好成績を示すのだが、これはそれらの課題においてはターゲットとなる図形を周囲の刺激（文脈）から切り離して処理することが要求されるからである。その意味では認知スタイルの観点から見ると、自閉症者は場独立であるといえる。さらに自閉症に関しては、自閉症者は受動的課題のときにＤＭＮの活性化をあまり示さなかった。また、社会性得点の低かった自閉症者は脳活動の低下をあまり示さなかった。

自閉症を認知脳と社会脳の次元から捉えようとした理論に、バロン・コーエンが自閉症に関して提案している概念である「極端な男性脳仮説」がある。[20] そこにおいてはシステマティックな思考の能力（systemizing）と共感能力（emphasizing）が分けられる。システマティックな思考の能力の特徴は科学的、論理的、数学的な思考を得意とし、バロン・コーエンはこれを男性脳と呼んでいる。これに対して共感能力は他者への共感、感情の表出に対する感受性などに優れ、こちらは女性脳と呼ばれる。そしてバロン・コーエンによれば、自閉症は極端な男性脳であるとされる。したがって、認知脳、社会脳ネットワークとして考えると、男性脳は認知脳であり、女性脳は社会脳となる。そして自閉症は社会脳ネットワークの発達障害であり、認知脳ネットワークの活動に極端に依存し、社会脳ネットワークはそれを必要とする場合であっても機能しにくくなっていると考えられる。

極端な男性脳を示しながら自閉症でない人を探すとすれば、スタートレックのミスタースポックであろうか（最もミスタースポックも、見方によってはかなり自閉的ともいえそうであるが）。自閉症の大きな特徴は先に見たように社会的能力の欠如であり、その反対に少なくとも高機能自閉症においては視空間的情報処理能力は一般人よりも高いこともあり、またサヴァンと呼ばれる人たちの中には、視空間的情報処理に関して天才的な能力を示す人たちもいる。[21] たとえば、先述のレインマンのモデルとなったキム・ピークもだが、ダニエル・タメットも有名なサヴァンの一人である。彼はアスペルガー症候群と診断されているが、２０

[20] Baron-Cohen (2002)

[21] サヴァンに関しては、たとえば、Treffert (1989) を、また共感覚に関しては、たとえば、Cytowic (1989) を参照。

04年に円周率（π）を2万2514桁まで記憶した。また母国語は英語であるが、言語能力が非常に高く、一週間ほどでアイスランド語を覚えてアイスランドのテレビ番組でのインタビューにアイスランド語で答えた。「Brain Man」というテレビ番組で一般に知られるようになったが、これは You Tube で見ることができる。またダニエル・タメットは共感覚をもち、特に数字と色や形との結びつきが強いようである。たとえば、彼は数桁同士の複雑な掛け算を暗算でやってのけるのだが、答えが形となって目に浮かぶという。ダニエル・タメットには『僕には数字が風景に見える』など、日本語に訳されている本もある。

共感覚（synesthesia）とは、ある刺激が通常の感覚のみならず異なった感覚を呼び起こす現象をさす。たとえば、共感覚者は特定の文字に色を感じたり、色に音を感じたり、味に形を感じたりする。たとえば、抽象画家のカンディンスキーは共感覚者であり、頭の中にあった音楽を絵に描いていた可能性が指摘されている。シトーウィックはその本の冒頭で、彼の出かけたパーティの主人が料理をしているときに「このチキンはちょっと尖りが足りないな」という独り言をいったのを聞いたのがきっかけで共感覚の研究を始めたことを述べている。人間は幼少期には共感覚をもっていることが多いが、それは神経ネットワークがまだ未発達なため、刈り込みが十分ではなく信号伝達の混乱が生じ、そのことが共感覚を生起させているとも言われている。

一見自閉症の反対に見える発達障害がウィリアムス症候群である。[22] ウィリアムス症候群の人たちは誰に対しても極度に親しげな態度を示し、言語的な障害も見られないのだが、その

[22] ウィリアムス症候群：たとえば、Farran & Jarrold (2003): Howlin, Davies, & Udwin (1998)、摂食障害：たとえば、Bremser & Gallup (2012)

発言は必ずしも意味のあるものではない。ウィリアムス症候群の人たちも知的障害を示すことが多く、特に視空間的情報処理において問題が大きいが、言語能力や顔の情報処理はそれほど大きな障害を示さない。また自閉症の反対にある障害は摂食障害であるとする見解もある。彼らによれば、自閉症が極端な男性脳であることによる障害であるのに対して、摂食障害は極端な女性脳であることの障害であるとされる。

　社会脳ネットワーク、特にDMNの障害は自閉症のみならず他の神経学的障害にも見られる[22]。たとえば、統合失調症や鬱病、アルツハイマー病などの場合は、DMNの活動に異常をきたすことが報告されている。統合失調症に関しては、いくつかの研究はDMNと外界への注意を制御している脳領域の間の動的な競合の障害であるとしている。またアルツハイマー病に関しては、DMNの代謝機能の低下に関係しているという仮説が提案されている。たとえば、自分の置かれた状況がわからなくなるといった見当識障害のような症状には、DMNの機能の低下が関係していると考えられる。またアルツハイマー病においては局所的な神経結合とともに、大規模ネットワークの結合性の障害も見られる。抑鬱に関しては、抑鬱の患者は負の感情をもたらすような視覚刺激に対して、統制群と比較して主なDMN領域における活動の低下を示さなかったという報告もある。メノンはこれらの神経学的障害に対してWMN、DMN、顕著性ネットワークの関係に基づいて統一的に説明できるとしている[24]。基本的には先述のように顕著性ネットワークは内的または外的刺激の顕著性を検出することでネットワーク間の切り替えに関与するとされるが、たとえば認知課題を行う実験で考えてみ

[23] デフォルトモードネットワークの障害に関しては、自閉症：たとえば、Kennedy et al. (2006)、統合失調症：たとえば、Fox et al. (2005); Fransson (2005); Williamson (2007)、アルツハイマー病：たとえば、Buckner et al. (2008); Broyd et al. (2009); Supekar et al. (2008)、抑鬱に関しては、たとえば、Sheline et al. (2009)

[24] Menon (2011)

ると、安静期間中にマインドワンダリングなどの活動が起きている際にはＤＭＮが活動しているが、課題が始まるとともに外的刺激の呈示を受けて、顕著性ネットワークが信号を送ることによりＷＭＮが活動を開始し、またＤＭＮが活動を低下させる。これらのＤＭＮと神経学的、または心理学的障害を含む個人差との関係の問題に関しても今後の研究をまたねばならない。

15章　将来の展望

前章では認知脳ネットワークと社会脳ネットワークをさまざまな観点から見てきたが、最後に脳内ネットワークをスモールワールドネットワークとして捉える立場からの議論を検討してまとめとしたい。

15－1　ネットワーク理論

近年脳内ネットワークをスモールワールドネットワーク（ＳＷＮ）として捉える立場からの研究が盛んになっている。この本ではわれわれはネットワーク、ネットワークと言っているのだが、ネットワークという考え方は別に認知神経科学に限られたものではない。ネットワークの研究は複雑性の理論と呼ばれる分野のひとつでもある。複雑性は近代科学の重要な前提のひとつであった還元主義に対立する見方である。還元主義とは、上位階層の過程は基礎過程に還元できるとする立場である。そこでは、心理学的過程は生物学的過程に還元でき、生物学的過程は化学的過程に還元でき、化学的過程は物理的過程に還元できるとされる。それでは心理学的過程はすべて物理学で説明できるかというと、そうはいかない。天気予報も地震予知もまだまだできていないように、われわれの身近な自然界の現象ですら、現在の物理学ですべて説明できているわけではない。還元主義的な自然理解は批判されて久しいのであるが、科学は最近になるまで、それに替わる認識論をもたなかったといえる。

複雑性は基本的には次の8つの条件を満たさなくてはならないとされる。[1]（1）相互作用をしている要素（エージェント）の集団が含まれること、これは換言すればネットワークが存在することといえるが、その場合はエージェントはネットワークのノードとなる。（2）システムの要素が記憶（先行する処理の結果のフィードバック）の影響を受けること。（3）システムの要素はフィードバックの結果によって出力を変更できること。（4）そのシステムと外界との間に相互作用がある、換言すればオープンシステムであること。（5）ダイナミックに変動するシステムであること。（6）全体を制御する中心的な要素なしで、システムを構成する要素間の相互作用に基づいて創発現象が見られること。（7）予測不可能な創発現象が起きること。（8）システムの挙動が秩序のある状態と無秩序な状態の間を行ったり来たりすること。

ネットワークの研究は数学的にはグラフ理論として知られる。高校の数学でオイラーの定理というのを習ったことを思い出されるであろうか。「ケーニヒスベルクの橋」といえば、思い出すかもしれない（図15-1）。要するに一筆書きができるかどうかの話である。「ケー

[1] 複雑性に関しては、たとえば、Johnson (2007); Kaufman (1995) などを参照。

ニヒスベルクの橋」をグラフで表すと、領域がノードで橋はリンクとして表される。一筆書きができるためには、奇数のリンクをもつノードは出発点か終着点でなくてはならない。したがって奇数のリンクをもつノードが３つ以上存在すると、一筆書きは不可能となる。ちなみに「ケーニヒスベルクの橋」は一筆書きはできない。

スモールワールドネットワークがわれわれの周囲いたるところに存在する例としてよく使われるものに、社会における人間関係のネットワークがある。われわれが日常生活において新しく人と知り合ったとき、知人の知人が実は共通の知人であったりすると、「世間は狭いね」などと言う。そんな経験は誰でも何度かしたことがあるであろう。社会的ネットワークの研究を語るうえで避けて通れないのが、スタンレー・ミルグラムが１９６０年代に行った実験である。[2] ミルグラムは社会における人間関係のネットワークを測るため「遺失手紙法」という方法を考案した。アメリカ中西部の住民の何人かを無作為に抽出し、それらの人々に手紙を送ってその手紙をボストンにいる彼の友人に転送してくれるよう頼んだが、その際にその友人の住所は知らせず、転送する際にはその友人により近いであろうと思われる適当な人に送るように頼んだ。最終的には約7割の手紙がそのボストンの友人のところに転送されてきたのだが、何よりも驚くのは、その多くの手紙が6段階ほどで届いていたことであった。つまり、アメリカ中西部のランダムに選ばれた人たちと、ボストンに住むミルグラムの友人とはお互いにまったく関係がないにもかかわらず、6段階程度のネットワークでつながっていたことになる。

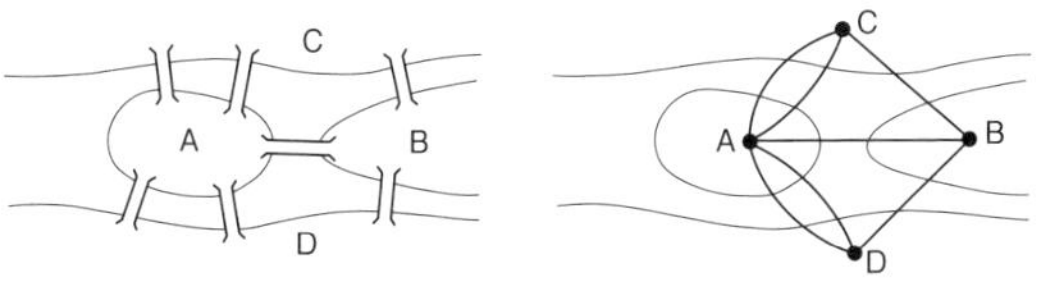

ケーニヒスベルグの橋　　ケーニヒスベルグの橋のグラフ表現

図15-1　ケーニヒスベルクの橋

[2] スタンレー・ミルグラムは、エール大学で「服従の実験」を行ったことで有名である。

「ケビン・ベーコンの神託（The Oracle of Bacon）」というウェブ上のゲームがある。これはある俳優の名前を入力するとその俳優が何人の俳優を介してケビン・ベーコンとつながっているか（ベーコン数と呼ばれる）を教えてくれるものである。たとえば、ジャック・ニコルソンはケビン・ベーコンと「A Few Good Men」で共演したからベーコン数は1となる。ちなみにロバート・デ・ニーロもベーコン数は1（「Sleepers」で共演）である。日本人でやってみても、真田広之のベーコン数は2、渡辺謙のベーコン数も2である。実際にやってみると面白いが、ある程度以上有名な俳優となると、ほぼ誰でもベーコン数3以内に収まるようである。これは「ケビン・ベーコンからの6次の隔たり」（Six degrees of Kevin Bacon）と呼ばれたアイデアをウェブ上のゲームにしたものである。「ケビン・ベーコンからの6次の隔たり」とは、先述のミルグラムの実験と同じく、基本的にはハリウッドのほとんどの俳優は6人以下の俳優を通してケビン・ベーコンとつながっているというアイデアである。似たようなアイデアに「エルデシュ数」というものがあるが、これは放浪の数学者として知られたポール・エルデシュとの共著関係を表したものである。エルデシュとの共著論文のある人はエルデシュ数が1となり、その人と共著論文がある人はエルデシュ数が2となる。これもほぼすべての数学者が6次以内に含まれるらしい。エルデシュはレーニイとともにランダムネットワークの数学的特性の研究の発展に貢献した[3]。ランダムネットワークにおいてはすべてのノードは平等であるとされるが、社会、情報、細胞、経済、通信などはランダムではなく、どれも複雑なネットワークを構成している。

[3] ポール・エルデシュ（Paul Erdös）はハンガリー人の数学者であるが、その伝記（Hoffman (1999); Schechter (2000)）によれば、彼は約１５００本の論文を書き、その共著者は５００名に上るとされる。世界中に共同研究者を持ち、彼らを突然訪ねては"My brain is open"と言って共同研究を続けていた。彼の生涯を描いた「N Is a Number: A Portrait of Paul Erdös」(1993)というＤＶＤも発売されている。

ワッツとストロガッツはランダムネットワークからスモールワールドネットワークを発展させたのだが[4]、その基本的な特徴としては、スモールワールドネットワークにはクラスターとハブが存在し、またスケールフリー（べき関数）であることが挙げられる（図15-2）。近隣のノード間に密接な関係があり、グループが構成されているのがクラスターである。そしてクラスター間には強い結合から弱い結合までが存在するが、スモールワールドネットワークにおいてはクラスター係数（clustering coefficient）が高い。クラスター係数とは近隣のノード間のまとまりの度合いであるといえる。人間関係のネットワークでいえば、あなたの友人の友人たちが互いに友達である確率である。またあるノードはより多くのリンクをもち、またより距離の隔たったノードとの間のリンクももつが、それらはハブと呼ばれる。つまりスモールワールドネットワークにおいては、すべてのノードは平等ではない。ランダムネットワークにおいてそれぞれのノードがもつリンクの数の度数分布は正規分布に近いことが多いとされるが、クラスターとハブをもつネットワークのリンクの数の度数分布はべき法則に従うとされる。つまり大多数のノードは少ないリンクしかもたないが、ごく少数のハブは多くのリンクをもつ。

このようなネットワークはスケールフリーと呼ばれる。たとえば、アメリカの道路網はランダムネットワークに近いのに対して、飛行機の路線図はスケールフリーである。つまり道路地図を見てみるとほとんどの都市が近隣の都市と結ばれている。これに対して、飛行機の路線図の場合は、アトランタ、シカゴ、ダラス、ロスアンジェルス、ニューヨークといっ

[4] Watts & Strogatts (1998). またネットワークに関しては、たとえば、Barabási (2002); Buchanan (2002); Johnson (2007) などを参照。

た少数の都市がハブとなっていて、多くの都市との間にコネクションをもっているのに対して、大多数の都市、特に地方の小都市は少数のコネクションしかもたない。またスモールワールドネットワークはたとえば、ワールドワイドウェッブ、電力網ネットワーク、経済ネットワーク、社会的ネットワーク、生物学的ネットワーク、などいたるところに見ることができる。スモールワールドネットワークはハブを経由することによって、少ないリンクをたどることで2つのノードをつなげるという点で効率的である。つまりパスの長さ（Path length：1つのノードから別のノードに行くのにたどらねばならないリンクの数）が短いという特徴をもつ。またスモールワールドネットワークは基本的に冗長性が高いため（つまり1つのノードから別のノードに行くのにいくつもの行き方がある）、頑健である（つまりいくつかのリンクが切れても、ネットワーク全体の接続性に対する影響が少ない）。ただし、ハブが機能しなくなった場合のダメージは大きい。

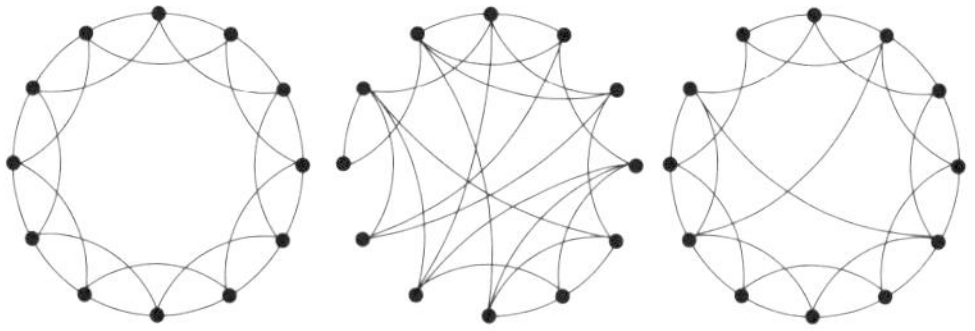

図15-2　ランダムネットワークとスモールワールドネットワーク

規則性ネットワークにおいてはすべてのノードは両隣2つずつのノードと直接のリンクをもつ。ランダムネットワークにおいてはノード間の結びつきはランダムである。スモールワールドネットワークにおいては隔たったノード間のリンクが存在することによって1つのノードから任意のノードに行くのに通らなければならないノードの数が激減する。

15-2　スモールワールドネットワークとしての脳

スモールワールドネットワーク構造は自然界のいたるところに見ることができるのだが、生物の神経系、そして脳もスモールワールドネットワークである。[5] 生物の神経系に関しては

[5] たとえば、Bassett & Bullmore (2009, 2012); Chen et al. (2008); Salvador et al. (2005). 特に、このあたりの議論は Bassett & Bullmore (2012) によくまとめられている。

C・エレガンスという線虫の神経回路網はすべて記述されているのだが、スモールワールドネットワークになっている。スモールワールドとしての特徴は種を超えて、単純な生物から猫やサル、さらには人間の脳のような複雑な器官にいたるまで見られるかと思われる。

脳がスモールワールドネットワークであることの利点は明らかであろう。もし脳内ネットワークがランダムネットワークであれば、脳の各領域は近隣の領域としか直接の結合をもたない。したがって信号が後頭部から前頭部に伝わるのに非常に多くの領域を経由しなければならず、長い時間がかかり、それに要するエネルギーも多大なものとなるし、信号が失われたり減衰する危険性も高くであろう。[6] しかし、脳内ネットワークは後頭部と前頭部をつなぐ神経束（たとえば、弓状束や上縦束）をもつことによって、前頭部と後頭部間の信号の伝達に必要なパスの数は激減し、したがって信号伝達に必要なエネルギーもきわめて少なくてすむ。その観点に立てば、たとえば、WMNであれば、外側前頭前野や下頭頂葉がハブであり、外側前頭前野には下前頭回、前部帯状回、前頭極、前頭眼野、補足運動野などがノードとして結合している。また下頭頂葉は後頭部、または感覚連合野のハブであり、後頭葉、上部頭頂葉、側頭葉などのノードが結合している。さらにこれらのハブをつないでいるのが上縦束や弓状束というリンクであると見なすことができる。DMNであれば、内側前頭前野や後部帯状回／楔前部がハブであり、内側前頭前野には前部帯状回や下前頭葉、補足運動野などのノードが、また後部帯状回／楔前部には下頭頂葉、上側頭葉などが結合している。

チェンらは皮質の厚さに基づいて、脳内の解剖学的大規模ネットワークを調べたところ、

[6] たとえば Allman (1998); Buzsaki et al. (2004); Howarth, Gleeson, & Attwell (2012)

（1）聴覚言語、（2）右半球実行系、（3）左半球実行系、（4）感覚運動、（5）視覚、（6）記憶、に関する6つのモジュールが抽出された。これらの6つのモジュールはｆＭＲＩによって調べられた、機能的ネットワークのモジュールとかなりよく対応している。さらに興味深いのは、このモジュールはかつてメスラムが神経学的なデータに基づいて提案した下記の5つの大規模スケールネットワーク（1）空間的注意、（2）言語、（3）顕在的記憶、（4）顔・物体の認知、そして（5）ワーキングメモリと実行系、ともよく対応している。[7]

脳をスモールワールドネットワークとして捉える見方はまだ新しいが、スモールワールドネットワークは数学や、複雑性の研究と神経科学との相互作用を可能にする。このような収斂（convergence）は、われわれの脳の機能に関する理解を飛躍的に発展させることが期待できる。しかし、その目標に到達するためにはいくつか乗り越えなければならない壁も存在するが、その大きなもののひとつは、ノードやリンクという概念の定義に関係すると思われる。ノードやリンクという概念は、たとえば、先述の航空路線網のようなネットワークでは単純に定義できる。つまり、都市がノードであり、都市間をつなぐ路線がリンクである。人間関係の社会的なネットワークであれば、個人がノードであり、個人間の関係がリンクである。Ｃ・エレガンスのような線虫ではニューロンがノードであり、ニューロン間の結合がリンクである。さて、それでは脳の場合はどうなるのであろうか？　ＷＭＮであれば、外側前頭前野や下頭頂葉がノードであり、ＤＭＮであれば、内側前頭前野や後部帯状回がノードであり、上縦束や弓状束がリンクであるといえるかもしれない。しかし、これらの領域は非

［7］Chen et al. (2008). またｆＭＲＩによる機能的ネットワークのモジュールは、たとえば、Salvador et al. (2005). 神経学的な大規模スケールネットワークは、Mesulam (1990, 1998)

常に大きな領域であり、複数の機能的に異なった領域に分割できる。たとえば、外側前頭前野はブロードマンの6、9、10、44、45、46野を含む。そしてそれらの領域のすべてがある課題を遂行の際に同時に活動することはほとんどない。ある課題においては外側前頭前野といっても実際に活動しているのはその一部である。したがって、これは記述のレベルの問題であるが、外側前頭前野はノードとしてではなく、関係の密接なノードの集合であるクラスターとして捉えたほうが適当かもしれない。そしてこのことは他の領域、下頭頂葉、内側前頭前野、後部帯状回にももちろん当てはまる。またこの問題は、先述のネットワークの機能的異質性の問題ともかかわる。

もうひとつは発達差、および個人差の問題である。脳内ネットワークは発達の最初から固定したものではないことは言うまでもない。問題はスモールワールドネットワークとしての脳内ネットワークはどのように発達していくのか、そして加齢とともにどのように衰えていくのかということである。フュスターのモデルを認知発達に当てはめると、ある意味では、認知発達とはフュスターのモデルの階層を多感覚レベルから概念レベルに上がっていくことであり、また加齢による機能の低下は行動のコントロールにおける上位の階層の機能低下によって低次の階層の段階で入力系から出力系に移行してしまうことと見なすことができるかもしれない。発達初期は下の階層における反射的な感覚 - 運動の連合が行動を支配する。これはピアジェの発達段階で考えれば、感覚運動期のネットワークは感覚領域と運動領域というハブと上縦束や弓状束などのリンクから構成されていると考えられる。ラマチャンドラン、イアコボーニ、リゾラッティらのようなミラーニューロンシステムの支持者たちは、このネットワークにミラーニューロンシステムを含めるであろう。[8] 続いて、後頭部および運動領域のクラスターが発達すると考えられる。このクラスターには9章の「安静時ネットワークの概観」で述べたような第一次視覚野、外線状皮質、第一次運動野などおける局所的ネットワークが含まれるかと思われる。そしてこのようなクラスターの発達は機能的分離を促し、また神経結合の成長は機能的統合の発達に関与すると考えられる。

フェアら[9]は脳内ネットワークの発達をグラフ理論に基づいて分析したが、それによると子どもの脳内ネットワークは解剖学的な距離に基づいてまとまっているが、大人になると機能的な関係によってまとまるようになる（図15－3）。換言すれば、脳内ネットワークは子どもの頃の解剖学的に規定された局所的なネットワークから、成長するにつれてより機能的な分散した領域にまたがったネットワークへと発達していく。しかし、子どもと大人の間でクラスター係数や平均的なパスの長さに差はなく、したがって、脳内ネットワークは子どもの頃からスモールワールドネットワークとしての性質を備えていると考えられる。[10]

9章で認識の発達段階的変化は相転移と捉えられると述べたが、この局所的ネットワークから大規模ネットワークへの移行は相転移の神経学的な基盤であると考えられる。発達初期においては、脳領域間の共同は局所的なものに止まり、運動のコントロールは反射的なものとなる。それが大規模ネットワークへと発達するにつれて、感覚連合野において感覚情報が統合され、それが長い連合繊維を経由して前頭葉に送られ、前頭葉での処理の後、必要に応

[8] Oberman & Ramachandran (2007); Iacoboni (2009); Rizzolatti & Craighero (2004)

[9] Fair et al. (2009)

[10] op. sit.

[11] Fuster (2002)

じて後頭部にフィードバックされることでさらに後頭部の処理が修正され、その結果が再び前頭葉に送られるというプロセスを繰り返したのち、適切な行動が遂行されることができるようになると思われる。

フュスター[11]によれば、前頭葉の中では腹側内側前頭前野が比較的早く発達するが、この領域は感情的、本能的な行動の表現とコントロールに関係するとされる。内側前頭前野はもちろんDMNのハブのひとつであり、社会脳ネットワークの基盤である。これに対して外側前頭前野は認知脳ネットワークのハブであるが、発達に時間がかかり、先述のように成熟に達するのは20代の前半頃と思われる。どちらのネットワークにしても前頭葉と頭頂葉のリンクが重要になるが、この結合に問題があると発達に障害が生じる。たとえば、自閉症の場合は社会脳ネットワークの障害(たとえば、心の理論ネッ

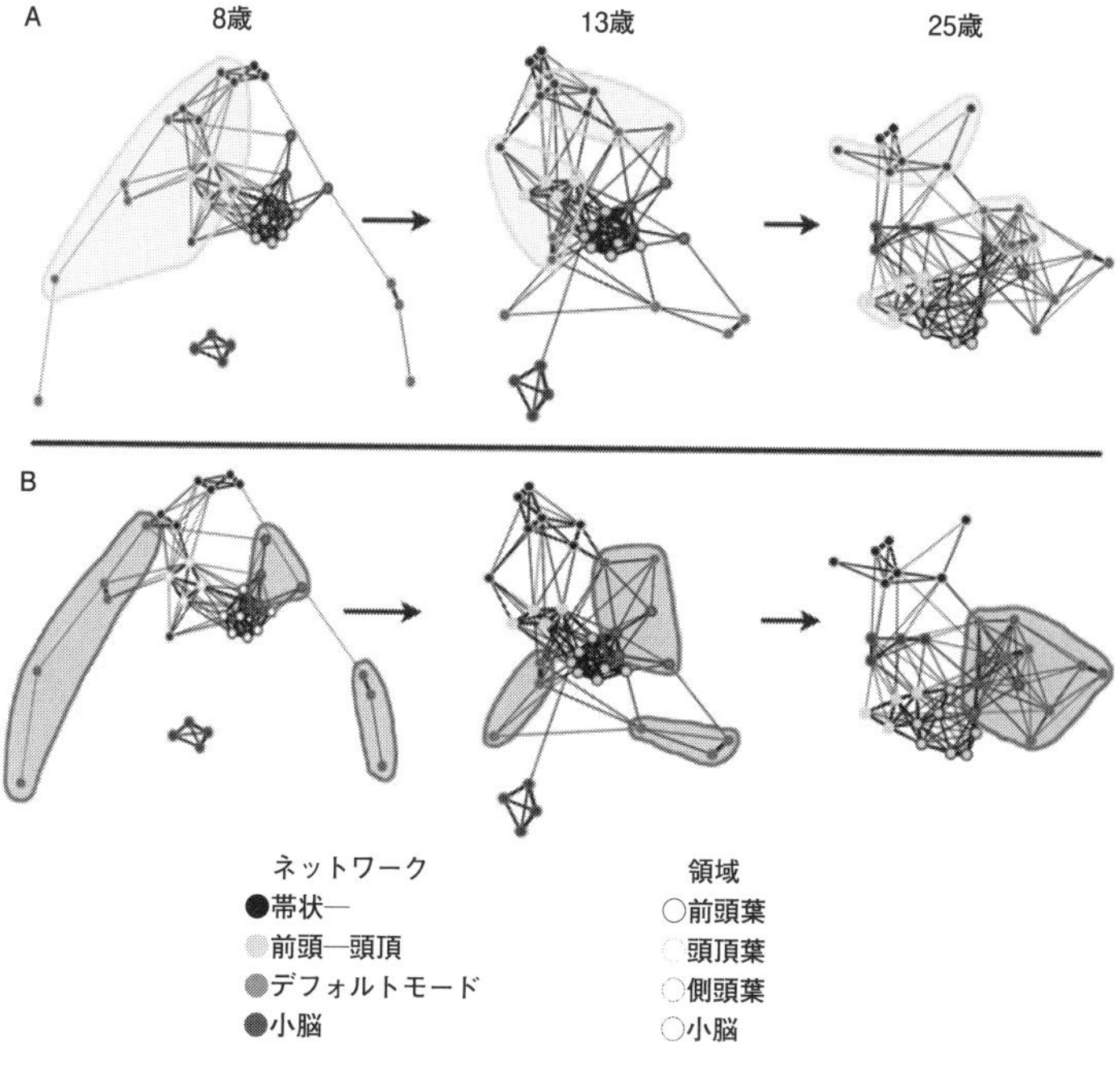

図15-3　脳内のスモールワールドネットワーク(Fair et al., 2009 を改変)
年齢が上がるにつれてクラスターができていく。(カラー図版は口絵参照)

トワーク仮説やミラーニューロン仮説）として捉えることもできるし、認知脳ネットワークの障害（たとえば、弱い中心統合性仮説）として捉えることもできるのだが、どちらの場合も前頭葉と頭頂葉間での情報の伝達に問題（結合性不全）がある。自閉症のもうひとつの特徴は感覚情報に依存した情報処理であるが、これはおそらく後頭部のクラスター内でのリンクの密度が非常に高いことによるかと思われる。このことは自閉症の問題のひとつに脳内ネットワークの発達の過程における刈り込みの障害が指摘されていることとも対応する。[12]

[12] 刈り込みの障害：Hill & Frith (2003)

15-3 おわりに

脳はネットワークとして機能しているという認識は現在では当然の事実として受け入れられていると思うのだが、そう考えるとこの20年ほどの脳科学の進歩の大きさに驚かされる。さらにそのネットワークとして機能していることの実態が現在探求されている。ここまで述べてきたように、脳内ネットワークは大きくは認知的ネットワークと社会的ネットワークに分けられそうである。そこで第Ⅱ部では認知的ネットワークの代表としてＷＭＮを取り上げ、また社会的ネットワークの代表としてＤＭＮを取り上げて、それらのさまざまな特徴について議論してきた。

ＷＭＮは脳の外側に位置し、外側前頭前野と下頭頂葉というハブをもち、上縦束、弓状束などのリンクをもつ。外側前頭前野は前頭連合野であり、前頭葉の他の領域と密接な結合をもつ。また下頭頂葉は感覚連合野であり、後頭部（頭頂葉、側頭葉、後頭葉）の諸領域との間に結合をもつ。DMNは脳の内側に位置し、内側前頭前野と後部帯状回がハブであり、それらは上縦束、弓状束などのリンクによってつながれている。したがって両者において前頭葉と頭頂葉間のつながりがネットワークとしての機能の重要な要素となる。それらのネットワークは特定の課題遂行時のみならず安静時も活動している。また認知的ネットワークと社会的ネットワークはさまざまな状況で反相関を示す。つまり一方の活動が上昇すると他方の活動が低下する。これはわれわれの脳の処理資源が限られていることに由来すると考えられる。しかしこの2つのネットワークは常に競合するとは限らず、場合によっては協調することもある。

社会脳ネットワークとしてのDMNと心の理論（メンタライジング）ネットワーク、そしてミラーニューロンネットワークの関係は現在盛んに研究されている。DMNと心の理論ネットワークはかなり関係が深いようである。ひとつには第I部でも見たように、心の理論ネットワークはDMNとの間で関連領域の重複が大きい。これは両者とも社会的ネットワークに属するがDMNはより「自己」に関係し、心の理論ネットワークはより「他者」に関係していることの表れかもしれない。ミラーニューロンネットワークはもう少し複雑で、認知的と社会的ネットワークの両方に関係していると思われる。ミラーニューロンネットワークが模倣の神経基盤であり、模倣が共感などの社会的な機能のみならず言語などの認知的な機能の基盤であるとすれば、ミラーニューロンネットワークが認知的機能と社会的機能の両方の基盤であることは納得がいく。

13章の「ネットワークの個人差」のところでも述べたが、ネットワークの機能は知能とも関係している。ネットワークの観点から見ると知能が高いということは課題遂行の関連領域の神経活動の効率がよいこと（つまり少ない活動で十分な処理が行えること）であり、それらの関連領域間の結合性が高い（つまりそれらの領域をつなぐネットワークの課題遂行における協調性が高いこと）であり、また、課題状況の変化に対して素早く的確に対応できるということであると思われる。ここにおいて重要なのは、たとえば、P－FITが主張するように、前頭葉と後頭部（特に頭頂葉）の間のネットワークである。

またネットワークの障害はさまざまな神経学的、心理学的障害をもたらす。[13] 本書では自閉症（ASD）を中心に取り上げたが、心理学的データに基づいては弱い中心統合性理論が、また神経科学的データに基づいては結合性不全仮説が主張するように、ここでも後頭部と前頭葉の間のネットワークの障害が自閉症のさまざまな障害の原因である可能性が指摘されている。

脳内ネットワークをスモールワールドネットワークとして捉える見方は本書で検討した分野のみならず、異なった分野の知見を統合するのに役立つかと思われる。このような収斂的アプローチ（converging approach）は心理学と神経科学のみならず、数学や物理学、コンピュータサイエンスなど異なった分野間の相互交流を深め、そのことが脳を含むそれぞれの分野における対象の理解を促進することに役立つと思われる。

[13] たとえば、Stam (2014); Whitfield-Gabrieli & Ford (2012)

脳関係の略称名（アルファベット順）

A	amygdala	扁桃体
ASD	autistic spectrum disorder	自閉症スペクトラム症
ACC	anterior cingulate cortex	前部帯状皮質
BG	basal ganglia	大脳基底核
Cun	cuneus	楔《せつ》部
DLPFC	dorsolateral prefrontal cortex	背外側前頭前野皮質
DMN	default mode network	デフォルトモードネットワーク
DMPFC	dorsomedial prefrontal cortex	背内側前頭前野
dACC	dorsal ACC	背側前部帯状皮質
EEG	electroencephalography	脳波
ERP	event related potential	事象関連電位
fMRI	functional magnetic resonance imaging	機能的磁気共鳴画像法
fNIRS	functional near-infrared spectroscopy	機能的近赤外分光法
IC	insular cortex	島皮質
MEG	magnetoencephalography	脳磁図
MPC	medial parietal cortex	内側頭頂皮質
MPFC	medial prefrontal cortex	内側前頭前野皮質
NAcc	nucleus accumbens	側坐核
pACC	pregenual ACC	膝前部前部帯状皮質
PFC	prefrontal cortex	前頭前野
PCC	posterior cingulate cortex	後部帯状皮質
PET	positron emission tomography	ポジトロン断層法
Prec	precuneus	楔前部
RSN	resting state network	安静時ネットワーク
SA	sense of agency	操作の主体感
SBS	social brain science	社会脳科学
SN	saliency network	顕著性ネットワーク
SO	sense of ownership	身体の保持感
ST	striatum	線条体
SWN	small world network	スモールワールドネットワーク
TP	temporal pole	側頭極
TPJ	temporo-parietal junction area	側頭頭頂接合領域
VMPFC	ventromedial prefrontal cortex	腹内側前頭前野皮質
VLPFC	ventrolateral prefrontal cortex	腹外側前頭前野皮質
WMN	working memory network	ワーキングメモリネットワーク

新曜社

社会脳ネットワーク入門

社会脳《デフォルトモード》と認知脳《ワーキングメモリ》ネットワークの協調と競合

初版第1刷発行　2018年4月2日

著　者　苧阪直行
　　　　越野英哉

発行者　塩浦　暲

発行所　株式会社　新曜社
101-0051　東京都千代田区神田神保町3-9
電話（03）3264-4973（代）・FAX（03）3239-2958
e-mail：info@shin-yo-sha.co.jp
URL：http://www.shin-yo-sha.co.jp/

組　版　Katzen House
印　刷　新日本印刷
製　本　イマヰ製本所

ISBN978-4-7885-1571-0　C1040

著者紹介

苧阪直行（おさか　なおゆき）

1976年京都大学大学院文学研究科（心理学）博士課程修了，文学博士。京都大学大学院文学研究科教授，文学研究科長・文学部長，日本学術会議会員などを経て，現在京都大学名誉教授。日本ワーキングメモリ学会会長，日本学術会議「脳と意識」分科会委員長，日本学士院会員。

主な著書・論文

『意識とは何か』（1996, 岩波書店），『心と脳の科学』（1998, 岩波書店），『脳とワーキングメモリ』（2000, 編著 , 京都大学学術出版会），『意識の科学は可能か』（2002, 編著 , 新曜社），*Cognitive Neuroscience of Working Memory* (2007, Oxford University Press), 『笑い脳』（2010, 岩波書店），苧阪直行編著「社会脳シリーズ 全9巻」新曜社）〔『社会脳科学の展望 ―― 脳から社会をみる』（2012, 第1巻），『道徳の神経哲学 ―― 神経倫理からみた社会意識の形成』（2012, 第2巻），『注意をコントロールする脳 ―― 神経注意学からみた情報の選択と統合』（2013, 第3巻），『美しさと共感を生む脳 ―― 神経美学からみた芸術』（2013, 第4巻），『報酬を期待する脳 ―― ニューロエコノミクスの新展開』（2014, 第5巻），『自己を知る脳・他者を理解する脳 ―― 神経認知心理学からみた心の理論の新展開』（2014, 第6巻），『小説を愉しむ脳 ―― 神経文学という新たな領域』（2014, 第7巻），『成長し衰退する脳 ―― 神経発達学と神経加齢学』（2015, 第8巻），『ロボットと共生する社会脳 ―― 神経社会ロボット学』（2015, 第9巻）〕

越野英哉（こしの　ひでや）

1994年カンサス大学大学院（心理学）修了，カンサス大学 Ph.D. カーネギーメロン大学 Postdoctoral fellow を経て，現在カリフォルニア州立大学教授（サンベルナルディーノ校）。Learning Research Institute コ-ディレクター。

主な著書・論文

Cognitive psychology 3rd ed.（2017, 共著，BVT Publishing），Coactivation of default mode network and executive network regions in the human brain（2017, In M. Watanabe (Ed.). *Prefrontal cortex as an executive, emotional and social brain.* Springer, pp.247- 276.），二重課題の神経基盤（2009,『基礎心理学研究』*28*, 59-71.），脳内ネットワークの競合と協調 ―― デフォルトモードネットワークとワーキングメモリネットワークの相互作用（2013, 共著 ,『心理学評論』*56*, 376-391.），fMRI investigation of working memory for faces in autism: Visual coding and underconnectivity with frontal areas.（2008, 共著 , *Cerebral Cortex, 18*, 289-300.），Anterior medial prefrontal cortex exhibits activation during task preparation but deactivation during task execution.（2011, 共著 , *PLoS ONE, 6*(8), e22909.），Coactivation of the default mode network and working memory network regions during task preparation: An event-related fMRI study.（2014, 共著 , *Scientific Reports, 4*, 59.）

人名索引

■あ行

アインシュタイン Einstein, A.　153
アリストテレス　40, 66
イアコボーニ Iacoboni, M.　181
上田閑照 Ueda, S.　45
ウドラフ Woodruff, G.　41
ヴント Wundt, W.　3
エイセンバーガー Eisenberger, N. I.　67
エベセン Ebbesen, E. B.　77
エルデシュ Erdüs, P.　174
苧阪直行 Osaka, N.　7, 19, 33, 58, 142, 143
苧阪満里子 Osaka, M.　142, 143

■か行

ガザニガ Gazzaniga, M. S.　99
ガザリー Gazzaley, A.　124, 135
ガーラッハ Gerlach, K. D.　135
カーツワイル Kurzweil, R.　81
ガードナー Gardner, H.　92
カーネマン Kahneman, D.　6, 26, 28, 61, 66, 70, 80, 118
カハール Cajal, R. y　97
ギブソン Gibson, J.　91
キャッテル Cattell, R.　144
キャベンディッシュ Cavendish, H.　153
ギャラガー Gallagher, H. L.　48
グリーン Greene, J. D.　70
グレイシアス Greicius, M. D.　126
グレイディ Grady, C.　123
越野英哉 Koshino, H.　140, 141, 159, 161
ゴルジ Golgi, C.　97

■さ行

ジェームス James, W.　14
シトーウィック Cytowic, R.　168
シモンズ Simons, D.　62
ジャスト Just, M. A.　159, 165
シュルツ Schultz, R. T.　161
ジョニダス Jonides, J.　105
シンガー Singer, T.　27
ジンメル Simmel, M.　65
スタワーチック Stawarczyk, D.　121
ストループ Stroop, J. R.　36
ストロガッツ Strogatz, S. H.　175
スプレング Spreng, R. N.　123, 134
スペリー Sperry, R. W.　99
ゼキ Zeki, S.　69
セギアー Seghier, M. L.　140
セスティエリ Sestieri, C.　135
ソクラテス　39, 76, 80

■た行

ダブ Dove, A.　112
ダマジオ Damasio, A.　70
タメット Tammet, D. P.　167, 168
ダンバー Dunbar, R.　43
チェン Chen, Z.　177
チャディック Chadick, J. Z.　135
チャブリス Chabaris, C.　62
チャルマース Chalmers, D. J.　3, 10
チョムスキー Chomsky, A. N.　93
デカルト Descartes, R.　3, 38
デスポジト D'Esposito, M.　111
デネット Dennett, D. C.　3, 4, 10, 41
トノーニ Tononi, G.　11

ドンダース Donders, F. C.　85

■な行

ナッシュ Nash, J. F. Jr.　75
ナットソン Knutson, B.　60
西田幾多郎　46, 76
ノートフ Nortoff, G.　75

■は行

ハイダー Heider , F.　65
バックナー Buckner, R. L.　116, 125, 133
バッドレー Baddeley, A. D.　104, 105, 106
パパート Papert, S. A.　94
バロン・コーエン Baron-Cohen, S.　165, 167
ピアジェ Piaget, J.　90, 179
ヒッチ Hitch, G.　104
フェア Fair, D. A.　180
フェヒナー Fechner, G. T.　4
フォーゲリー Vogeley, K.　50, 69
フォックス Fox, E.　54
フュスター Fuster, J. M.　88, 89, 90, 91, 129, 148, 179, 181
プライス Price, C. J.　140
ブレスラー Bressler, S. L.　142
プレマック Premack, D.　41
ブロードマン Brodmann, K.　23
ベルガー Berger, H.　31
ベルムポール Bermpohl, F.　75
ヘルムホルツ Helmholtz, H. l. f. von　6
ペンフィールド Penfield, W. G.　49

■ま行

マイヤー Mayer, J. S.　125, 136
マクレランド McClelland, J. L.　95
ミシェル Mischel, W.　77
ミラー Miller, G. A.　93
ミルグラム Milgram, S.　173
ミンスキー Minsky, M. L.　8, 94
メイソン Mason, M. F.　118, 133
メノン Menon, V.　126, 142, 169

■ら行

ラマチャンドラン Ramachandran, V. S.　180
ラメルハート Rumelhart, D. E.　95
リゾラッティ Rizzolatti, G.　181
リーバーマン Lieberman, M. D.　101
リング Ring, H. A.　158
レーニイ Rényi, A.　174
ローガン Logan, G. D.　120
ロゴセティス Logothetis, N. K.　10
ローゼンブラット Rosenblatt, F.　94

■わ行

ワイスマン Weissman, D. H.　126
ワッツ Watts, D. J.　175

事項索引

■アルファベット

AAL　23
ACC（前部帯状皮質）　13, 26, 33, 48, 52, 67, 72, 102, 108, 111, 113, 127
AI（人工知能）　19, 80, 93
aIC（前部島皮質）　27, 101, 142
ASD（自閉症スペクトラム症）　13, 55, 74, 154

BOLD　32

CMS（皮質正中内側領域）　53, 75
C・エレガンス　99, 177, 178

DAN（背側注意ネットワーク）　101
DLPFC（背外側前頭前野）　23, 25, 33, 72, 107, 111, 135, 136
DMN（デフォールトモードネットワーク）　20, 27, 46, 84, 101, 116, 123, 125, 126, 132-139, 141, 142, 152, 169, 177, 181-183
DMN（内側前頭 - 頭頂領域）　136, 137
DMPFC（背内側前頭前野）　54, 72, 76
DTI（拡散テンソル画像）　97, 98

EBA（外線条皮質身体領域）　52
EEG（脳波）　29, 31
ERP（事象関連電位）　29

FEF（前頭眼野）　101, 107
FFA（紡錘状回顔領域）　135, 138, 161
fMRI（機能的磁気共鳴画像法）　29, 32, 85
fNIRS（機能的近赤外分光法）　31, 32
FPN（前頭 - 頭頂ネットワーク）　106, 166

HF（海馬体）　116

IC（島皮質）　13, 26, 53, 135
IPL（下部頭頂葉）　101, 111, 116, 159, 161
IT（側頭葉下部領域）　11
IoT（モノのインターネット）　79

LPFC（外側前頭前野）　27, 101, 106, 138, 179, 182, 183
LTC（外側側頭葉）　116

MCS（ミニマム意識状態）　7
MEG（脳磁図）　31
MPFC（内側前頭前野）　13, 25, 27, 34, 53, 76, 101, 116, 122, 126, 135-137, 177, 183
MT（中側頭野）　5

N－バック課題　108
NAcc（側坐核）　26, 54
NCC（意識の神経相関）　10, 11

OBE（体外離脱経験）　49
OST（オペレーションスパン課題）　110

P-FIT（頭頂－前頭統合理論）　146, 147, 184
PCC/precuneus（後部帯状回／楔前部）　116, 139, 177
PCC（後部帯状皮質）　101, 135
PET（ポジトロン断層法）　30, 85
PFC（前頭前野）　6, 8, 54, 75, 103, 107, 113,

■あ行

■か行

■さ行

■た行

■な行

■は行

■ま行

■や行

■ら行

■わ行

引用文献

第Ⅰ部

阿部修士・藤井俊勝 (2012).「嘘をつく脳」苧阪直行（編）『社会脳科学の展望 ── 脳から社会をみる』（社会脳シリーズ第1巻）新曜社, pp. 35 - 61.

Alessandri, S. M., & Lewis, M. (1993). Parental evaluation and its relation to shame and pride in young children. *Sex Roles, 29*, 335 - 343.

Amodio, D. M., & Frith, C. D. (2006). Meeting of minds: The medial frontal cortex and social cognition. *Nature Reviews Neuroscience, 7*, 268 - 277.

Baars, B. (1997).. *In the theater of consciousness: The workspace of the mind*. New York: Oxford University Press.（苧阪直行（監訳）『脳と意識のワークスペース』協同出版, 2004.）

Baddeley, A. D., & Hitch, G. (1974). Working memory. In G. Bower (Ed.) *The psychology of learning and motivation: Advances in research and theory* (Vol.8, pp. 47 - 89). Academic Press.

Baron - Cohen, S., Leslie, A. M. & Frith, U. (1985). Does the autistic child have a theory of mind? *Cognition, 21*, 37 - 46.

Bateson, M., Nettle, D., Roberts, G. (2006). Cues of being watched enhance cooperation in a real - world setting. *Biology Letters, 2*, 412 - 414.

Blanke, O., Ortigue, S., Landis, T., & Seeck, M. (2002). Stimulating illusory own - body perceptions. *Nature, 419*, 269 - 270.

Botvinick, M., Nystrom, L. E., Fissell, K., Carter, C. S. & Cohen, J. D. (1999). Conflict monitoring versus selection - for - action in anterior cingulate cortex. *Nature, 402*, 179 - 181.

Bransford, J. D., & McCarrel, N. S. (1974). A sketch of a cognitive appr oach to comprehension: Some thoughts about understanding what it means to comprehend. In W. B. Weimer & D. S. Palermo (Eds.). *Cognition and the symbolic processes*. Wiley.

Brewer, J. A., Worhunsky, P. D., Gray, J. R., Tang, Y. Y., Weber, J., & Kober, H. (2011) Meditation exprience is associated with differences in default mode network activity and connectivity. *Proceedings of the National Academy of Science, USA. 108*(50): 20254 - 9.

Brothers, L. (1990). The social brain: A project for integrating primate behavior and neurophysiology in a new domain. *Concepts in Neuroscience. 1*, 27 - 51.

Bruce, V., Green, P. R., & Georgeson, M. A. (1996). *Visual perception*. Psychology Press.

Burgess, P. W., Dumontheil, I., Gilbert, S. J. (2007). The gateway hypothesis of rostral prefrontal cortex (area 10) function. *Trends in Cognitive Sciences, 11*, 290 - 298.

Bush, G., Luu, P. & Posner, M. I. (2000). Cognitive and emotional influences in anterior cingulate cortex. *Trends in Cognitive. Science, 4*, 215 - 222.

Chabaris, C., & Simons, D. (2010). *The invisible gorilla: And other ways our intuition deceives us*.

Harper Collins.（動画は Chabaris, C. & Simons, D. (1999). Selective attention test-YouTube: https://www.youtube.com/watch?v=vJG698U2Mvo）

Cohen, J. D. (1998). Anterior cingulate cortex, error detection, and the online monitoring of performance. *Science, 280*, 747-749.

Cruse, D., & Owen, A. M. (2010). Consciousness revealed: New insights into the vegetative and minimally conscious states. *Current Opinions in Neurology, 23*, 656-6560.

Dehaene, S. (2014). *Consciousness and the brain*. Penguin Randomhouse.（高橋洋（訳）『意識と脳』紀伊國屋書店, 2015.）

Dennett, D. C. (2005). *Sweet dreams*. MIT Press.（土屋俊・土屋希和子（訳）『スウィート・ドリームス』NTT 出版, 2009.）

Denny, B., Kober, H., Wager, T., & Ochsner, K. (2012). A meta-analysis of functional neuroimaging studies of self-and other-judgments reveals a special gradient for mentaliing in media prefrontal cortex. *Journal of Cognitive Neuroscience, 24*, 1742-1752.

Dunbar, R. (2014a). *Human evolution*. Penguin Books（鍛原多恵子（訳）『人類進化の謎を解き明かす』インターシフト, 2016.）

Dunbar, R. I. M. (2014b). The social brain: Psychological underpinnings and implications for the structure of organizations. *Psychological Science, 23*, 109-114.

Eisenberger, N. I., Lieberman, M. D., Williams, K. D. (2003). Does rejection hurt? An FMRI study of social exclusion. *Science, 302*, 290-292.

Fiske, S. T., & Taylor, S. E. (2008). *Social cognition: From brain to culture*. McGraw-Hill.（宮本聡介他（訳）『社会的認知研究 ―― 脳から文化まで』北大路書房, 2013.）

Fox, E. (2012). *Rainy brain, sunny brain: The new science of optimism and pessimism*. W. Heinemann.（森内薫（訳）『脳科学は人格を変えられるか？』文芸春秋, 2014.）

Frith, U., & Frith, C. D. (2003). Development and neurophysiology of mentalizing. *Philosophical Transactions of the Royal Society of London B, 358*, 459-473.（金田みずき・苧阪直行（訳）「メンタライジング（心の理論）の発達とその神経基盤」苧阪直行（編）『成長し衰退する脳 ―― 神経発達学と神経加齢学』（社会脳シリーズ第8巻）新曜社, pp. 1-48.）

Frith, C. D., & Wolpert, D. (2003). *The neuroscience of social interaction*, Oxford University Press.

Gallagher, S. (2000). Philosophical conceptions of the self: Implications for cognitive science. *Trends in Cognitive Sciences, 4*, 14-21.

Gazzaley, A., & Rosen, L. D. (2016). *The distracted mind: Ancient brains in a high-tech world*. MIT Press.

Greene, J. D., Sommerville, R., Nystrom, L., Darley, J., & Cohe, J. D. (2001). An fMRI investigation of emotional engagement in moral judgment. *Science, 293*, 2105-2108.

Heider , F., & Simmel, M. (1944). An experimental study of apparent behavior. *American Journal of Psychology, 57*, 243-259.

Jauk, E., Benedek, M., Koschutnig, K., Kedia, G., 6 Neubauer, A. C. (2017). Self-viewing is associated with negative affect rather than reward in highly narcissitic men: An fMRI study. *Scientific Reports,*

7, 5804.

Kahneman, D. (2011). *Thinking, fast and slow*. Farrar, Straus and Giroux.（村井章子（訳）『ファスト＆スロー —— あなたの意思はどのように決まるか？』早川書房, 2014.）

Keenan, J. P., Wheeler, M. A., Gallup, G. G. Jr., Pascual-Leone, A. (2000). Self-recognition and the right prefrontal cortex. *Trends in Cognitive Science*. 2000, 4, 338-344.

Kelley, W. M,, Macrae, C. N., Wyland., C. L., Caglar, S., Inati, S., & Heatherton, T. F. (2002). Finding the self? An eventrelated fMRI study. *Journal of Cognitive Neuroscience, 14*, 785-794.

木村敏 (1981).『自己・あいだ・時間』弘文堂.

Klingberg, T. (2009). *The overflowing brain: Information overload and the limits of working memory*. Oxford University Press.（苧阪直行（訳）『オーバーフローする脳 —— ワーキングメモリの限界への挑戦』新曜社, 2011.）

Kurzweil, R. (2005). *The singularity is near: When humans transcend biology*. Loretta Barrett Books.（井上健（監訳）『ポスト・ヒューマン誕生 —— コンピューターが人類の知性を超えるとき』NHK出版, 2007.）

Koenigs, M., Young, L., Adalphs, R., Tranel, D., Cushman, F., Hauser, M., & Damasio, A. (2007). Damage to the prefrontal cortex increases utilitarian moral judgments. *Nature, 446*, 908-911.

Legrand, D., & Ruby, P. (2009). What is self-specific? Theoretical investigation and critical review of neuroimaging results. *Psychological Review, 116*, 252-282.

Lieberman, M. D. (2013). *Social: Why our brains are wired to connect*. Crown.（江口泰子（訳）『21世紀の脳科学』講談社, 2015.）

Logothetis, N. K., Leopold, D. A., & Sheinberg, D. L. (2003). Neural mechanisms of perceptual organization. In N. Osaka (Ed.) *Neural basis of consciousness*. John Benjamins, pp.87-103.

MacDonald Ⅲ, A. W., Cohen, J. D., Stenger, V. A., & Carter, C. S. (2000). Dissociating the role of the dorsolateral prefrontal and anterior cingulate cortex in cognitive control. *Science, 288*, 1835-1838.

Meyer, M. L., & Lieberman, M. D. (2012). Social working memory: Neurocognitive networks and directions for future research. *Frontiers in Psychology, 3*, 1-11.

Milner, A. D., & Goodale, M. A. (1995). *The visual brain in action*. Oxford University Press.

Minamoto, T., Tsubomi, H., & Osaka, N. (2017). Neural mechanisms of individual differences in working memory capacity: Observations from functional imaging studies. *Current Directions in Psychological Science, 26*, 335-345.

Minamoto, T., Yaoi, K., Osaka, M., & Osaka, N. (2014). Extrapunitiveand intropunitive individuals activate different parts of the prefrontal cortex under an ego-blocking frustration. *PLoS ONE, 9*, e86036.

Mischel, W., & Ebbesen, E. B. (1970). Attention in delay of gratification. *Journal of Personality and Social Psychology, 16*, 329-337.

Moll, J., Krueger, F., Zahn, R., Pardini, M., de Oliveira-Souza, R., & Grafman, J.(2006). Human fronto-mesolimbic networks guide decisions about charitable donation. *Proceedings of the National*

Academy of Science, USA, 103, 15623 - 15628.
村井俊哉 (2012).「社会脳と精神疾患」苧阪直行（編著）『社会脳科学の展望 ── 脳から社会をみる』新曜社, pp. 111 - 132.）
守田知代 (2014).「自己を意識する脳 ── 情動の神経メカニズム」苧阪直行（編著）『自己を知る脳・他者を理解する脳 ── 神経認知心理学からみた心の理論の新展開』新曜社, pp. 137 - 166.）
西田幾多郎 (1948).『私と汝』（西田幾多郎全集第６巻）pp. 341 - 427.
Nortoff, G., & Bermpohl, F. (2004). Cortical midline structures and the self. *Trends in Cognitive Sciences, 8*, 102 - 107.
日本学術会議 (2017). 提言「融合的社会脳研究の創生と展望」(http://www.scj.go.jp/ja/info/kohyo/division - 15.html)
信原幸弘 (2012).「道徳の神経哲学」苧阪直行（編）(2012)『道徳の神経哲学 ── 神経倫理からみた社会意識の形成』（社会脳シリーズ第2巻）新曜社, pp. 1 - 24.）
苧阪満里子 (2015)「加齢とワーキングメモリ」苧阪直行（編著）『成長し衰退する脳 ── 神経発達学と神経加齢』（社会脳シリーズ第8巻）新曜社. p.247 - 271.
Osaka, M., Komori, M., Morishita, M., & Osaka, N. (2007). Neural basis of focusing attention in working memory. *Cognitive, Affective & Behavioral Neuroscience, 7*, 130 - 139.
Osaka, M., Manamoto, T., Yaoi, K., & Osaka, N. (2013). Serial changes of humor comprehension for four - frame comic strips: An fMRI study. *Scientific Reports, 4*, srep04338.
Osaka, M., Osaka, N., Kondo, H., Morishita, M., Fukuyama, H., Aso, T., & Shibasaki, H. (2003). The neural basis of individual differences in working memory capacity: An fMRI study. *NeuroImage, 18*, 789 - 797.
苧阪直行 (1996).『意識とは何か』岩波書店.
苧阪直行（編）(2000).『脳とワーキングメモリ』京都大学学術出版会.
苧阪直行 (2006).「リカーシブな意識の脳内表現 ── ワーキングメモリを通して自己と他者を知る」『科学』76, 280 - 283（岩波書店）.
苧阪直行（編）(2010a).『脳イメージング ── ワーキングメモリと視覚的注意からみた脳』培風館.
苧阪直行 (2010b).『笑い脳 ── 社会脳へのアプローチ』（岩波科学ライブラリー）岩波書店.
苧阪直行 (2013).「北斎漫画の神経美学 ── 静止画に秘められた動きの印象」苧阪直行（編著）『美しさと共感を生む脳 ── 神経美学からみた芸術』（社会脳シリーズ第4巻）新曜社, pp. 75 - 100.
苧阪直行 (2014a).「『自己を知る脳・他者を理解する脳』への序 ── 自他の境界の脳内パズルを解く」苧阪直行（編著）『自己を知る脳・他者を理解する脳』（社会脳シリーズ第6巻）新曜社, pp. ix - xxvi.
苧阪直行 (2014b).「『報酬を期待する脳』への序 ── 報酬期待の脳内起源を求めて」苧阪直行（編著）『報酬を期待する脳 ── ニューロエコノミクスの新展開』（社会脳シリーズ第5巻）新曜社, pp. ix - xxiv.

苧阪直行 (2015a)「『ロボットと共生する社会脳 ── 神経社会ロボット学』への序」苧阪直行（編著）『ロボットと共生する社会脳 ── 神経社会ロボット学』（社会脳シリーズ第9巻）新曜社, pp. ix-xix.

苧阪直行 (2015b).「心の理論をもつ社会ロボット ── ロボットの『他者性』をめぐって」苧阪直行（編著）『ロボットと共生する社会脳 ── 神経社会ロボット学』（社会脳シリーズ第9巻）新曜社, pp. 1-42.

苧阪直行 (2016).「デフォールトモードネットワーク」*Clinical Neuroscience, 34*, 668-670.

Osaka, N., Ikeda, T., Osaka, M. (2012). Effect of intentional bias on agency attribution of animated motion: An event-related fMRI study. *PLoS ONE, 7*, e49053.

Osaka, N., Minamoto, T., Yaoi, K., Azuma, M., Minamoto-Shimada, Y., & Osaka, M.(2015). How two brains make one synchronized mind in the inferior frontal cortex: fNIRS-based hyperscanning during cooperative singing. *Frontiers in Psychology, 6*, Article 1811, 1-11.

Osaka, N., Osaka, M., Morishita, M., Kondo, H., Fukuyama, H. (2004). A word expressing affective pain activates the anterior cingulate cortex in the human brain: An fMRI study. *Behavioural Brain Research, 153*, 123-127.

苧阪直行・矢追健 (2015).「実験心理学からみた機能的磁気共鳴画像法（fMRI）による画像解析」『基礎心理学研究』*34*, 184-191.

Premack, D., & Woodruff, G. (1978). Does the chimpanzee have a theory of mind? *Behavioral and Brain Sciences, 1*(4), 515-526.

Raichle, M. E. (2011). The restless brain. *Brain Connectivity, 1*, 3-12.

Raichle, M. E., MacLeod, A. M., Snyder, A. Z., Powers, W. J., Gusnard, D. A., & Shulman, G. L. (2001). A default mode of brain function. *Proceedings of the National Academy of Sciences, USA, 98*, 676-682.

Scoville, W. B., & Milner, B. J. (1957). Loss of recent memory after bilateral hippocampal lesions. *Journal of Neurology, Neurosurgery & Psychiatry, 20*, 11-21.

Sherman, L. E., Payton, A. A., Hernandez, L. M., Greenfield, P. M., & Dapretto, M. (2016). The power of the like in adolescence: Effects of peer influence on neural and behavioral responses to social media. *Psychological Science, 27*, 1027-1035.

Singer, T., Seymour, B., O'Doherty, J., Kaube, H., Dolan, R. J., & Frith, C. D. (2004). Empathy for pain involves the affective but not the sensory components of pain. *Science, 303*. 1157-1161.

Sporns, O. (2012). *Discovering the huma connectome*. MIT Press.

高橋秀彦 (2014).「文章が創発する社会的情動の脳内表現」苧阪直行（編著）『小説を愉しむ脳 ── 神経文学という新たな領域』（社会脳シリーズ第7巻）新曜社, pp. 93-104.

高橋秀彦 (2012).「他人の不幸は蜜の味」苧阪直行（編著）『社会脳科学の展望 ── 脳から社会をみる』（社会脳シリーズ第1巻）新曜社, pp. 133-144.

Tononi, G., Edelman, G. M., & Sporns, O. (1998). Complexity and the integration of information in the brain. *Trends in Cognitive Sciences*. 1998, 2, 44-52.

Tsubomi, H., Ikeda, T., & Osaka, N. (2012). Primary visual cortex scales individual's perceived

brightness with power function: Inner psychophysics with fMRI. *Journal of Experimental Psychology: Human Perception and Performance, 38*, 1341-1347.

Vogeley, K., Bussfeld, P., Newen, A., Herrmann, S., Happe, F., Falkai, P., Maier, W., Shah, N. J., Fink, G. R. & Zilles, K. (2001). Mind reading: Neural mechanisms of theory of mind and self-perspective. *NeuroImage, 14*, 170-181.

渡邊正孝 (2014).「報酬と快 ―― 生理的報酬と内発的報酬」苧阪直行（編）『報酬を期待する脳 ―― ニューロエコノミクスの新展開』（社会脳シリーズ第5巻）新曜社, pp.59-84.

上田閑照 (2000).『私とは何か』岩波新書.

Williams, K. D., & Jarvis, B. (2006). Cyberball: A program for use in research on ostracism and interpersonal acceptance. *Behavior Research Methods, Instruments, and Computers, 38*, 174-180.

矢追健・苧阪直行 (2014).「自己を知る脳 ―― 自己認識を支える脳」苧阪直行（編著）『自己を知る脳・他者を理解する脳 ―― 神経認知心理学からみた心の理論の心展開』（社会脳シリーズ第6巻）新曜社, pp.73-110.

Yaoi, K., Osaka, N., & Osaka, M. (2009). Is the self special in the dorsomedial prefrontal cortex? An fMRI study. *Social Neuroscience, 4*, 455-463.

Yaoi, K., Osaka, M., & Osaka, N. (2013). Medial prefrontal cortex dissociation between self and others in a referential task: An fMRI study based on word traits. *Journal of Physiology, 107*, 517-523.

Zeki, S. (1999). *Inner vision: An explanation of art and the brain*. Oxford University Press.（河内十郎（監訳）『脳は美をいかに感じるか』日本経済新聞社, 2002.）

• 苧阪直行（編著）(2012-2015).「社会脳シリーズ」全9巻, 新曜社 (http://www.shin-yo-sha.co.jp/series/social_brain.htm)

苧阪直行（編）(2012).『社会脳科学の展望 ―― 脳から社会をみる』（社会脳シリーズ第1巻）

苧阪直行（編）(2012).『道徳の神経哲学 ―― 神経倫理からみた社会意識の形成』（社会脳シリーズ第2巻）

苧阪直行（編著）(2013).『注意をコントロールする脳 ―― 神経注意学からみた情報の選択と統合』（社会脳シリーズ第3巻）

苧阪直行（編著）(2013).『美しさと共感を生む脳 ―― 神経美学からみた芸術』（社会脳シリーズ第4巻）

苧阪直行（編著）(2014).『報酬を期待する脳 ―― ニューロエコノミクスの新展開』（社会脳シリーズ第5巻）

苧阪直行（編著）(2014).『自己を知る脳・他者を理解する脳 ―― 神経認知心理学からみた心の理論の新展開』（社会脳シリーズ第6巻）

苧阪直行（編著）(2014).『小説を愉しむ脳 ―― 神経文学という新たな領域』（社会脳シリーズ第7巻）

苧阪直行（編著）(2015).『成長し衰退する脳 ―― 神経発達学と神経加齢学』（社会脳シリーズ第8巻）

苧阪直行（編著）(2015).『ロボットと共生する社会脳 ── 神経社会ロボット学』（社会脳シリーズ第9巻）

第Ⅱ部

Allison, T., Puce, A., & McCarthy, G. (2000). Social perception from visual cues: Role of the STS region. *Trends in Cognitive Science, 4*, 267-78.

Allman, J. M. (1998). *Evolving brains*. (Scientific American Library).

American Psychiatric Association Task Force on DSM-IV. (1994). *Diagnostic and statistical manual of mental disorders*, (4th Ed.). American Psychiatric Association.

Andrews-Hanna, J. R. (2012). The brain's default network and its adaptive role in internal mentation. *Neuroscientist, 18*, 251-270.

Ashcraft, M. H., & Kirk, E. P. (2001). The relationships among working memory, math anxiety, and performance. *Journal of Experimental Psychology: General, 130*, 224-237.

Baddeley, A. (2012). Working memory: Theories, models, and controversies. *Annual Review of Psychology, 63*, 1-29.

Bangert, M., Peschel, T., Schlaug, G., Rotte, M., Drescher, D., Hinrichs, H, Heinze, H. J., & Altenmüllera, E. (2006). Shared networks for auditory and motor processing in professional pianists: Evidence from fMRI conjunction. *NeuroImage, 30*, 917-926.

Barabási, A-L. (2002). *Linked: The new science of networks*. Perseus Books Group.（青木薫（訳）『新ネットワーク思考 ── 世界のしくみを読み解く』NHK出版, 2002.）

Baron-Cohen, S. (2002). The extreme male brain theory of autism. *Trends in Cognitive Sciences, 6*, 248-254.

Bassett, D. S., & Bullmore, E. T. (2009). Human brain networks in health and disease. *Current Opinion in Neurology, 22*, 340-347.

Bassett, D. S., & Bullmore, E. T. (2012). Brain anatomy and small-world networks. In M. T. Bianchi, V. S. Caviness, & S. S. Cash (Eds.). *Network Approaches to Diseases of the Brain*, Bentham Science Publishers, 32-50.

Beilock, S. L. (2008). Math performance in stressful situations. *Current Directions in Psychological Science, 17*, 339-343.

Binder, J. R., Frost, J. A., Hammeke, T. A., Bellgowan, P. S. F., Rao, S. M., & Cox, R. W. (1999). Conceptual processing during the conscious resting state: A functional MRI study. *Journal of Cognitive Neuroscience, 11*, 80-95.

Blackstock, E. G. (1978). Cerebral asymmetry and the development of early infantile autism. *Journal of Autism and Childhood Schizophrenia, 8*, 339-353.

Boddaert, N., & Zilbovicius, M., (2002). Functional Neuroimaging and childhood autism. *Pediatric Radiology, 32*, 1-7.

Botvinick, M., Jha, A. P., Bylsma, L. M., Fabian, S. A., Solomon, P. E., & Prkachin, K. M. (2005).

Viewing facial expressions of pain engages cortical areas involved in the direct experience of pain. *NeuroImage, 25*, 312-319.

Braver, T. S., & West, R. (2008). Working memory, executive control, and aging. *The handbook of aging and cognition, 3*, 311-372.

Bremser, J. A., & Gallup, G. G. Jr. (2012). From one extreme to the other: Negative evaluation anxiety and disordered eating as candidates for the extreme female brain. *Evolutionary Psychology, 10*, 457-86.

Bressler, S. L., & Menon, V. (2010). Large-scale brain networks in cognition: Emerging methods and principles. *Trends in Cognitive Sciences, 14*, 277-290.

Broyd, S. J., Demanuele, C., Debener, S., Helps, S. K., James, C. J., & Sonuga-Barke, E. J. (2009). Default-mode brain dysfunction in mental disorders: A systematic review. *Neuroscience Biobehavioral Review, 33*, 279-96.

Buchanan, M. (2002). *Nexus: Small world and the groundbreaking science of networks*. W. W. Norton & Company.（坂本芳久（訳）『複雑な世界、単純な法則 ── ネットワーク科学の最前線』草思社, 2005.）

Buchel, C., Coull, J. T., & Friston, K. J. (1999). The predictive value of changes in effective connectivity for human learning. *Science, 283*, 1538-1541.

Buckner, R. L., Andrews-Hanna, J. R., & Schacter, D. L. (2008). The brain's default network: Anatomy, function, and relevance to disease. *Annals of the New York Academy of Sciences, 1124*, 1-38.

Bunge, S. A., Klingberg, T., Jacobsen, R. B., Gabrieli, J. D. E. (2000). A resource model of the neural basis of executive working memory. *Proceedings of the National Academy of Sciences, U. S. A. 97*, 3573-3578.

Buzsáki, G., Geisler, C., Henze, D. A., & Wang, X. J. (2004). Interneuron diversity series: Circuit complexity and axon wiring economy of cortical interneurons. *Trends in Neuroscience, 27*, 186-193.

Castelli, F., Frith, C., Happe, F., & Frith, U. (2002). Autism, Asperger syndrome and brain mechanisms for the attribution of mental states to animated shapes. *Brain, 125*, 1839-1849.

Chadick, J. Z. & A. Gazzaley (2011). Differential coupling of visual cortex with default or frontal-parietal network based on goals. *Nature Neuroscience, 14*, 830-832

Chen, Z. J., He, Y., Rosa-Neto, P., Germann, J., & Evans, A. C. (2008). Revealing modular architecture of human brain structural networks by using cortical thickness from MRI. *Cerebral Cortex, 18*, 2374-2381.

Chomsky, N. (1957). *Syntactic Structures*. Mouton.

Christoff, K. (2012). Undirected thought: Neural determinants and correlates. *Brain Research, 1428*, 51-59.

Christoff, K., Gordon, A. M., Smallwood, J., Smith, R., & Schooler, J. W. (2009). Experience sampling during fMRI reveals default network and executive system contributions to mind wandering. *Proceedings of the National Academy Science USA, 106*, 8719-8724.

Cole, M. W., Bassett, D. S., Power, J. D., Braver, T. S., & Petersen, S. E., (2014). Intrinsic and task-evoked network architectures of the human brain. *Neuron, 83*, 238-251.

Corbetta, M., & Shulman, G. L. (2002). Control of goal-directed and stimulus driven attention in the brain. *Nature Review Neuroscience, 3*, 201-215.

Corbetta, M., Patel, G., & Shulman, G. L. (2008). The reorienting system of the human brain: From environment to theory of mind. *Neuron, 58*, 306-324.

Coren, S., Ward, L. M., & Enns, J. T. (2004). *Sensation and perception* (6th ed.). John Wiley & Sons.

Critchley, H. D., Daly, E. M., Bullmore, E. T., Williams, S. T. R., Amelsvoort, T. V., Robertson, D. M., Rowe, A., Phillips, M., McAlonan, G., Howlin, P., & Murphy, D. G. M. (2000). The functional neuroanatomy of social behavior: Changes in cerebral blood flow when people with Autism disorder process facial expressions. *Brain, 123*, 2203-2212.

Crittenden, B. M., Mitchell, D. J., & Duncan, J. (2015). Recruitment of the default mode networkduring a demanding act of executive control. *eLife, 4*, e06481.

Cytowic, R. E. (1989). *Synesthesia: A union of the senses*. Springer-Verlag.（山下篤子（訳）『共感覚者の驚くべき日常 ── 形を味わう人、色を聴く人』草思社, 2002.）

Dagher, A., Owen, A. M., Boecker, H. & Brooks, D. J. (1999). Mappi ng the network for planning: A correlational PET activation study with the Tower of London task. *Brain, 122*, 1973-1987.

Damoiseaux, J. S. Rombouts, S. A. R. B., Barkhof, F., Scheltens, P., Stam, C. J., Smith, S. M., & Beckmann, C. F. (2006). Consistent resting-state networks across healthy subjects. *Proceedings of the National Academy Science USA, 103*, 13848-13853.

Daneman, M., & Carpenter, P. A. (1980). Individual differences in working memory and reading. *Journal of Verbal Learning and Verbal Behavior, 19*, 450-466.

Dapretto, M, Davies, M. S., Pfeifer, J. H., Scott, A. A., Sigman, M., Bookheimer, S. Y., & Iacoboni, M. (2006). Understanding emotions in others: Mirror neuron dysfunction in children with autism spectrum disorders. *Nature Neuroscience, 9*, 28-30.

D'Argembeau, A., Collette, F., Van der Linden, M., Laureys, S., Del Fiore, G., & Degueldre, C. (2005). Self-referential reflective activity and its relationship with rest: A PET study. *Neuroimage, 25*, 616-624.

Daselaar, S. M., Prince, S. E., & Cabeza, R. (2004). When less means more: Deactivations during encoding that predict subsequent memory. *Neuroimage, 23*, 921-927.

De Luca, M., Beckmann, C. F., De Stefano, N., Matthews, P. M. & Smith, S. M. (2006). fMRI resting state networks define distinct modes of long-distance interactions in the human brain. *NeuroImage, 29*, 1359-1367.

Deco, G, & Corbetta, M. (2011). The dynamical balance of the brain at rest. *Neuroscientist, 17*, 107-123.

Deary, I. J., Penke, L., & Johnson, W. (2010). The neuroscience of human intelligence differences. *Nature Review Neuroscience, 11*, 201-211.

D'Esposito, M., Detre, J. A., Alsop, D. C., Shin, R. K., Atlas, S., & Grossman, M. (1995). The neural

basis of the central executive system of working memory. *Nature, 378*, 279-281.

Dove, A., Pollmann, S., Schubert, T., Wiggins, C. J., & von Cramon, D. Y. (2000). Prefrontal cortex activation in task switching: An event-related fMRI study. *Cognitive Brain Research, 9*, 103-109.

Drevets, W. C., Burton, H., Videen, T. O., Snyder, A. Z., Simpson, J. R., & Raichle, M. (1995). Blood flow changes in human somatosensory cortex during anticipated stimulation. *Nature, 373*, 249-252.

Duncan, J. (2010). The multiple-demand (MD) system of the primate brain: Mental programs for intelligent behavior. *Trends in Cognitive Science, 14*, 172-179.

Duncan, J., Seitz, R. J., Kolodny, J., Bor, D., & Herzog, H. (2000). A neural basis for general intelligence. *Science, 289*, 457-460.

Ekman, P. (1992). Are there basic emotions? *Psychological Review, 99*, 550-553.

Ellamil, M., Dobson, C., Beeman, M., and Christoff, K. (2012). Evaluative and generative modes of thought during the creative process. *Neuroimage, 59*, 1783-1794.

Engle, R. W. (2002). Working memory capacity as executive attention. *Current Directions in Psychological Science*, 11, 19-23.

Fair, D. A., Cohen, A. L., Power, J. D., Dosenbach, N. U. F., Church, J. A., Miezin, F. M., Schlaggar, B. L., & Petersen, S. E. (2009). Functional Brain Networks Develop from a "Local to Distributed" Organization. *PLoS Computational Biology, 5*(5): e1000381.

Farran, E. & Jarrold, C. (2003). Visuo-spatial cognition in Williams syndrome: Reviewing and accounting for the strengths and weaknesses in performance. *Developmental Neuropsychology, 23*, 173-200.

Fincham, J. M., Carter, C. S., van Veen, V., Stenger, V. A., & Anderson, J. R. (2002). Neural mechanisms of planning: A computational analysis using event-related fMRI. *Proceedings of the National Academy Science, USA, 99*, 53346-53351.

Fombonne, E. (2003). The prevalence of autism. *Journal of the American Medical Association, 289*, 87-89.

Fox, M. D., Snyder, A. Z., Vincent, J. L., Corbetta, M., Van Essen, D. C., & Raichle, M. E. (2005). The human brain is intrinsically organized into dynamic, anticorrelated functional networks. *Proceedings of the National Academy Science, USA, 102*, 9673-9678.

Fox, K. C. R., Spreng, R. N., Ellamil, M., Andrews-Henna, J. R., & Christoff, K. (2015). The wandering brain: Meta-analysis of functional neuroimaging studies of mind-wandering and related spontaneous thought processes. *Neuroimage, 111*, 611-621.

Fransson, P. (2005). Spontaneous low-frequency BOLD signal fluctuations: An fMRI investigation of the resting-state default mode of brain function hypothesis. *Human Brain Mappi ng, 26*, 15-29.

Friston, K. J. (1994). Functional and effective connectivity in neuroimaging: A synthesis. *Human Brain Mappi ng, 2*, 56-78.

Frith, U. (1989). A new look at language and communication in autism. *British Journal of Disorders of Communication, 24*, 123-150.

Frith, U. (2003). *Autism: Explaining the enigma*. Wiley-Blackwell.

Frith, U., & Frith, C. D. (2003). Development and neurophysiology of mentalizing. *Philosophical Transactions of Royal Society, London, B., 358*, 459-473.

Fuster, J. M. (1997). Network memory. *Trends in Neurosciences, 20*(10), 451-459.

Fuster, J. M. (2002). Frontal lobe and cognitive development. *Journal of Neurocytology, 31*, 373-385.

Gardner, H. (1987). *The mind's new science: A history of the cognitive revolution*. Basic Books.（佐伯胖・海保博之（監訳）『認知革命 ― 知の科学の誕生と展開』産業図書, 1987.）

Gallese, V. (2009). Mirror neurons, embodied simulation, and the neural basis of social identification. *Psychoanalytic Dialogues, 19*, 519-536.

Gallese, V., Keysers, C., & Rizzolatti, G. (2004). A unifying view of the basis of social cognition. *Trends in Cognitive Sciences, 8*, 396-403.

Gallagher, H. L., & Frith, C. D. (2003). Functional imaging of 'theory of mind'. *Trends in Cognitive Science, 7*, 77-83.

Gazzaley, A. , Cooney, J. W., McEvoy, K., Knight, R. T., & D'Esposito, M. (2005). Top-down enhancement and suppr ession of the magnitude and speed of neural activity. *Journal of Cognitive Neuroscience, 17*, 507-517.

Gazzola, V., Aziz-Zadeh, L., & Keysers, C. (2006). Empathy and the somatotopic auditory mirror system in humans. *Current Biology, 16*, 1824-1829.

Gerlach, K. D., Spreng, R. N., Gilmore, A. W., & Schacter, D. L. (2011). Solving future problems: Default network and executive activity associated with goal-directed mental simulations. *Neuroimage, 55*, 1816-1824.

Gibson, J. (1979). *The Ecological Appr oach to Visual Perception*. Lawrence Erlbaum Associates.（古崎敬・古崎愛子・辻敬一郎・村瀬旻共（訳）『生態学的視覚論 ― ヒトの知覚世界を探る』サイエンス社, 1986.）

Gilbert, S. J., Dumontheil, I., Simons, J. S., Frith, C. D., & Burgess, P. W. (2007). Comment on "Wandering Minds: The default network and stimulus-independent thought". *Science, 317*, 43b.

Glasser, M. F., Coalson, T. S., Robinson, E. C., Hacker, C. D., Harwell, J., Yacoub, E., Ugurbil, K., Andersson, J., Beckmann, C. F., Jenkinson, M., Smith, S. M. & Van Essen, D. C. (2016). A multi-modal parcellation of human cerebral cortex. *Nature, 536*, 171-178.

Greicius, M. D., Krasnow, B., Reiss, A. L., & Menon, V. (2003). Functional connectivity in the resting brain: A network analysis of the default mode hypothesis. *Proceedings of the National Academy Science, USA, 100*, 253-258.

Greicius, M. D., & Menon, V. (2004). Default-mode activity during a passive sensory task: Uncoupled from deactivation but impacting activation. *Journal of Cognitive Neuroscience, 16*, 1484-1492.

Grenard, J. L., Ames, S. L., Wiers, R. W., Thush, C., Sussman, S., & Stacy, A. W. (2008). Working memory moderates the predictive effects of drug-related associations on substance use. *Psychology of Addictive Behaviors, 22*, 426-432.

Grey, J. R., Chabris, C. F., & Braver, T. S. (2003). Neural mechanisms of general fluid

intelligence. *Nature Neuroscience, 6*, 316-322.

Gruber, O., & Goschke, T. (2004). Executive control emerging from dynamic interactions between brain systems mediating language, working memory and attentional processes. *Acta Psychologica, 115*, 105-121.

Gusnard, D. A., & Raichle, M. E. (2001). Searching for a baseline: Functional imaging and the resting human brain. *Nature Review Neuroscience, 2*, 685-694.

Hadjikhani, N., Chabris, C. F., Joseph, R. M., Clark, J., McGrath, L., Aharon, I., Feczko, E., Tager-Flusberg, H., & Harris, G. J. (2004). Early visual cortex organization in autism: An fMRI study. *Neuroreport, 15*, 267-270.

Hadjikhani, N., Joseph, R. M., Snyder, J., & Tager-Flusberg, H. (2006). Anatomical differences in the mirror neuron system and social cognition network in autism. *Cerebral Cortex, 16*, 1276-1282.

Hagmann, P., Cammoun, L., Gigandet, X., Meuli, R., Honey, C. J., Wedeen, V. J., & Sporns, O. (2008). Mappi ng the structural core of human cerebral cortex. *PLoS Biology, 6*, e159.

Haier, R. J., Jung, R. E., Yeo, R. A., Head, K., & Alkire, M. T. (2004). Structural brain variation and general intelligence. *NeuroImage, 23*, 425-433.

Haier, R. J., Siegel, B.V., Nuechterlein, K. H., Hazlett, E., Wu, J., Paek, J., Browning, H., & Buchsbaum, M. S. (1988). Cortical glucose metabolic rate correlates of abstract reasoning and attention studied with positron emission tomography. *Intelligence, 12*, 199-217.

Hampson, M., Driesen, N. R., Skudlarski, P., Gore, J. C., & Constable, R. T. (2006). Brain connectivity related to working memory performance. *Journal of Neuroscience, 26*, 13338-13343.

Happe, F. (1996). Studying weak central coherence at low levels: Children with autism do not succumb to visual illusions. A research note. *Journal of Child Psychology and Psychiatry, 37*, 873-877.

Hasher, L., & Zacks, R. T. (1988). Working memory, comprehension, and aging: A review and a new view. In G. H. Bower (Ed.), *The Psychology of Learning and Motivation*, Vol. 22 (pp.193-225). Academic Press.

Haxby, J. V., Hoffman, E. A., & Bobbini, M. I. (2000). The distributed human neural system for face perception. *Trends in Cognitive Sciences, 4*, 223-233.

Henson, R. N. A. (2003). Neuroimaging studies of priming. *Progress in Neurobiology, 70*, 53-81.

Hill, E. L. (2004). Executive dysfunction in autism. *Trends in Cognitive Science, 8*, 26-32.

Hill, E. L., & Frith, U. (2003). Understanding autism: Insights from mind and brain. *Philosophical Transactions of Royal Society, London, B, 358*, 281-289.

Hoffman, P. (1999). *The man who loved only numbers: The story of Paul Erdos and the search for mathematical truth*. Hyperion.（平石律子（訳）『放浪の天才数学者エルデシュ』草思社, 2000.）

Hopfinger, J. B., Buonocore, M. H., & Mangun, G. R. (2000). The neural mechanisms of top-down attentional control. *Nature Neuroscience, 3*, 284-291.

Horwitz, B., Rumsey, J.M., & Donohue, B.C., (1998). Functional connectivity of the angular gyrus in normal reading and dyslexia. *Proceedings of the National Academy Science, USA, 95*, 8939-8944.

Howarth, C., Gleeson, P., & Attwell, D. (2012). Updated energy budgets for neural computation in the neocortex and cerebellum. *Journal of Cerebral Blood Flow & Metabolism, 32*, 1222-1232.

Howlin, P., Davies, M., & Udwin, O. (1998). Cognitive functioning in adults with Williams syndrome, *Journal of Child Psychology and Psychiatry, 39*, 183-189.

Iacoboni, M. (2009). *Mirroring people: The science of empathy and how we connect with others*. Picador.

Iacoboni, M., & Dapretto, M. (2006). The mirror neuron system and the consequences of its dysfunction. *Nature Reviews Neuroscience, 7*, 942-951.

Iacoboni, M., Lieberman, M. D., Knowlton, B. J., Molnar-Szakacs, I., Moritz, M., Throop, C. J., & Fiske, A. P. (2004). Watching social interactions produces dorsomedial prefrontal and medial parietal BOLD fMRI signal increases compared to a resting baseline. *Neuroimage, 21*, 1167-1173.

Ino, T., Nakai, R., Azuma, T., Kimura, T., & Fukuyama, H. (2011). Brain activation during autobiographical memory retrieval with special reference to default mode network. *Open Neuroimaging Journal, 5*, 14-23.

Jabbi, M., Swart, M., & Keysers, C. (2007). Empathy for positive and negative emotions in the gustatory cortex. *NeuroImage, 34*, 1744-1753.

Jensen, A. R. (1993). Why is reaction time correlated with psychometric g? *Psychological Science, 2*, 53-56.

Johnson, N. (2007). *Simply complexity: A clear guide to complexity theory*. Oneworld Publications.（坂本芳久（訳）『複雑で単純な世界』インターシフト, 2011.）

Jolliffe, T., & Baron-Cohen, S. (1997). Are people with autism and Asperger syndrome faster than normal on the Embedded Figures Test? *Journal of Child Psychology & Psychiatry, 38*, 527-534.

Jonides, J., Lacey, S. C., & Nee, D. E. (2005). Processes of working memory in mind and brain. *Current Directions in Psychological Science, 14*, 2-5.

Jung, R. E. & Haier, R. J. (2007). The parieto-frontal integration theory (P-FIT) of intelligence: Converging neuroimaging evidence. *Behavioral and Brain Sciences, 30*, 135-154.

Just, M. A., Cherkassky, V., Keller, T. A., & Minshew, N. J. (2004). Cortical activation and synchronization during sentence comprehension in high-functioning autism: Evidence of underconnectivity. *Brain, 127*, 1811-1821.

Kahneman, D. (1973). *Attention and effort*. Prentice-Hall.

Kanwisher, N., McDermott, J., & Chun, M. (1997). The Fusiform Face Area: A module in human extrastriate cortex specialized for the perception of faces. *Journal of Neuroscience, 17*, 4302-4311.

Kastner, S., & Ungerleider, L. G. (2000). Mechanisms of visual attention in the human cortex. *Annual Review of Neuroscience, 23*, 315-341.

Kaufman, S. (1995). *At home in the universe: The search for laws of self-organization and complexity*. Oxford University Press.（米沢富美子（監訳）『自己組織化と進化の論理』日本経済新聞社, 1999.）

Kelly, A. M. C., Uddin, L. Q., Biswal,B. B., Castellanos, F. X., & Milham, M. P. (2008). Competition between functional brain networks mediates behavioral variability. *NeuroImage, 39*, 527-537.

Kennedy, D. P., Redcay, E., & Courchesne, E. (2006). Failing to deactivate: Resting functional abnormalities in autism. *Proceedings of the National Academy Science, USA, 103*, 8275-8280.

Klin, A., Jones, W., Schultz, R., Volkmar, F. R., & Cohen, D. J. (2002). Visual fixation patterns during viewing of naturalistic social situations as predictors of social competence in individuals with autism. *Archives of General Psychiatry, 59*, 809-816.

Klingberg, T., Forssberg, H., & Westerberg, H. (2002). Training of working memory in children with ADHD. *Journal of Clinical Experimental Neuropsychology, 24*, 781-791.

Klingberg, T., Fernell, E., Olesen, P. J., Johnson, M., Gustafsson, P., Dahlström, K., & Westerberg, H. (2005). Computerized training of working memory in children with ADHD: A randomized, controlled trial. *Journal of the American Academy of Child & Adolescent Psychiatry, 44*, 177-186.

Kolb, B. & Whishaw, I. (2003). *Fundamentals of human neuropsychology* (5th ed.). Worth Publishers.

Kondo, H., Osaka, N., & Osaka, M. (2004). Cooperation of the anterior cingulate cortex and dorsolateral prefrontal cortex for attention shifting. *NeuroImage, 23*, 670-679.

越野英哉 (2005).「自閉症のワーキングメモリ」『心理学評論』*48*, 498-517.

越野英哉・苧阪満里子・苧阪直行 (2013a).「脳内ネットワークの競合と協調 ── デフォルトモードネットワークとワーキングメモリネットワークの相互作用」『心理学評論』*56*, 376-391.

越野英哉・苧阪満里子・苧阪直行 (2013b).「デフォルトモードネットワークの機能的異質性」『生理心理学と精神生理学』*31*, 1-14.

Koshino, H. (2017). Coactivation of default mode network and executive network regions in the human brain. In M. Watanabe (Ed.). *Prefrontal cortex as an executive, emotional and social brain.* Springer, pp. 247-276.

Koshino, H., Carpenter, P. A., Minshew, N. J., Cherkassky, V. L., Keller, T. A., & Just. M. A. (2005). Functional connectivity in an fMRI working memory task in high-functioning autism. *NeuroImage, 24*, 810-821.

Koshino, H., Kana, R. K., Keller, T. A., Cherkassky, V. L., Minshew, N. J., & Just, M. A. (2008). fMRI investigation of working memory for faces in autism: Visual coding and underconnectivity with frontal areas. *Cerebral Cortex, 18*, 289-300.

Koshino, H., Minamoto, T., Ikeda, T., Osaka, M., Otsuka, Y., & Osaka, N. (2011). Anterior medial prefrontal cortex exhibits activation during task preparation but deactivation during task execution. *PLoS ONE, 6*(8), e22909.

Koshino, H., Minamoto, T., Yaoi, K., Osaka, M., & Osaka, N. (2014). Coactivation of the default mode network and working memory network regions during task preparation: An event-related fMRI study. *Scientific Reports, 4*, 5954.

Larson, G. E., Haier, R. J., LaCasse, L., & Hazen, K. (1995). Evaluation of a "mental effort" hypothesis for correlations between cortical metabolism and intelligence. *Intelligence, 21*, 267-278.

Laurienti, P. J., Burdette, J. H., Wallace, M. T., Yen, Y-F., Field, A. S., & Stein, B. E. (2002). Deactivation of sensory-specific cortex by cross-modal stimuli. *Journal of Cognitive Neuroscience,*

14, 420-429.

Levinson, D. B., Smallwood, J., & Davidson, R. J. (2012). The persistence of thought: Evidence for a role of working memory in the maintenance of task-unrelated thinking. *Psychological Science, 23*, 375-380.

Lieberman, M. D. (2013). *Social: Why our brains are wired to connect*. Crown Publishers.

Logan, G. D. (1988). Toward an instance theory of automatization. *Psychological Review, 95*, 492-527.

Lombardo, M. V., Chakrabarti, B., Bullmore, E. T., MRC AIMS Consortium, & Baron-Cohen, S. (2011). Specialization of right temporo-parietal junction for mentalizing and its relation to social impairments in autism. *Neuroimage, 56*, 1832-1838.

McKiernan, K. A., Kaufman, J. N., Kucera-Thompson, J., & Binder, J. R. (2003). A parametric manipulation of factors affecting task-induced deactivation in functional Neuroimaging. *Journal of Cognitive Neuroscience, 15*, 394-408.

Mars, R. B., Neubert, F.-X., Noonan, M. A. P., Sallet, J., Toni, I., & Rushworth, M. F. S. (2012). On the relationship between the "default mode network" and the "social brain". *Frontiers in Human Neuroscience, 6*, 189.

Mason, M. F., Norton, M. I., Van Horn, J. D., Wegner, D. M., Grafton, S. T., & Macrae, C. N. (2007). Wandering minds: the default network and stimulus-independent thought. *Science, 315*, 393-395.

Mayer, J. S., Roebroeck, A., Maurer, K., & Linden, D. E. J. (2010). Specialization in the default mode: Task-induced brain deactivations dissociate between visual working memory and attention. *Human Brain Mappi ng, 31*, 126-139.

Mazoyer, B., Zago, L., Mellet, E., Bricogne, S., Etard, O., Houde, O., Crivello, F., Joliot, M., Petit, L., & Tzourio-Mazoyer, N. (2001). Cortical networks for working memory and executive functions sustain the conscious resting state in man. *Brain Research Bulletin, 54*, 287-298.

McIntosh, A. R., & Gonzalez-Lima, F. (1994). Structural equation modeling and its appl ication to network analysis in functional brain imaging. *Human Brain Mappi ng, 2*, 2-22.

McVay, J. C., & Kane, M. J. (2010). Does mind wandering reflect executive function or executive failure? Comment on Smallwood and Schooler (2006) and Watkins (2008). *Psychological Bulletin, 136*, 188-197.

Menon, V. (2011). Large-scale brain networks and psychopathology: A unifying triple network model. *Trends in Cognitive Sciences, 15*, 483-506.

Mesulam, M-M. (1990). Large-scale neurocognitive networks and distributed processing for attention, language and memory. *Annals of Neurology, 28*, 597-613.

Mesulam, M-M. (1998). From sensation to cognition. *Brain, 121*, 1013-1052.

Meunier, D., Lambiotte, R., Fornito, A., Ershe, K. D., & Bullmore, E. T. (2009). Hierarchical modularity in human brain functional networks. *Frontiers in Neuroinformatics, 3*, 1-12.

Meyer, M. L., Spunt, R. P., Berkman, E. T., Taylor, S. E., & Lieberman, M. D. (2012). Evidence for social working memory from a parametric functional MRI study. *Proceedings of the National Academy of Sciences, USA, 109*, 1883-1888.

Miller, G. A. (1956). The magical number seven, plus or minus two: Some limits on our capacity for processing information. *Psychological Review, 63*, 81-97.

Minshew, N. J., Goldstein, G., & Siegel, D. J., (1997). Neuropsychologic functioning in autism: Profile of a complex information processing disorder. *Journal of the International Neuropsychological Society, 3*, 303-316.

Minsky, M. L. & Papert, S. A. (1969). *Perceptrons*. MIT Press.

Miyake, A., Friedman, N. P., Emerson, M. J., Witzki, A. H., Howerter, A., & Wagner, T. D, (2000). The unity and diversity of executive functions and their contributions to complex 'frontal lobe' tasks: A latent variable analysis. *Cognitive Psychology, 41*, 49-100.

Muller, R. A., Behen, M. E., Rothermel, R. D., Chugani, D. C., Muzik, O., Mangner, T. J., & Chugani, H. T. (1999). Brain mapping of language and auditory perception in high-functioning autistic adults: A PET study. *Journal of Autism and Developmental Disorders, 29*, 19-31.

Nakamura, K., Kawashima, R., Sato, N., Nakamura, A., Sugiura, M., Kato, T., Hatano, K., Ito, K., Fukuda, H., Schormann, T., & Zilles, K. (2000). Functional delineation of the human occipito-temporal areas related to face and scene processing: A PET study. *Brain, 123*, 1903-1912.

Narumoto, J., Okada, T., Sadato, N., Fukui, K., & Yonekura, Y. (2001). Attention to emotion modulates fMRI activity in human right superior temporal Sulcus. *Cognitive Brain Research, 12*, 225-231.

Neubauer, A. C., & Fink, A. (2009). Intelligence and neural efficiency. *Neuroscience Biobehavioral Review, 33*, 1004-1023.

Newell, A. (1994). *Unified Theories of Cognition*. Harvard University Press; Reprint edition. Newman, S. D., Carpenter, P. A., Varma, S., & Just, M. A. (2003). Frontal and parietal participation in problem solving in the Tower of London: fMRI and computational modeling of planning and high-level perception. *Neuropsychologia, 41*, 1668-1682.

Oberman, L. M, Hubbard, E. M., McCleery, J. P., Altschuler, E. L., Ramachandran, V. S., & Pineda, J. A., (2005). EEG evidence for mirror neuron dysfunction in autism spectral disorders. *Brain Research, 24*, 190-198.

Oberman, L. M., & Ramachandran, V. S., (2007). The simulating social mind: The role of the mirror neuron system and simulation in the social and communicative deficits of Autism Spectrum Disorders. *Psychological Bulletin, 133*, 310-332.

O'Craven, K. M., Downing, P. E., & Kanwisher, N. (1999). fMRI evidence for objects as the units of attentional selection. *Nature, 401*, 584-587.

O'Riordan, M. A., Plaisted, K. C., Driver, J., Baron-Cohen, S., (2001). Superior visual search in autism. *Journal of Experimental Psychology: Human Perception and Performance, 27*, 719-730.

苧阪満里子・苧阪直行 (1994)「読みとワーキングメモリ容量 ― リーディングスパンテストによる検討」『心理学研究』*65*, 339-345.

苧阪直行（編）(2000).『脳とワーキングメモリ』京都大学出版会.

苧阪直行（編）(2008).『ワーキングメモリの脳内表現』京都大学学術出版会.

Osaka, N., Logie, R. H., & D'Esposito, M. (2007). *The cognitive neuroscience of working memory*. Oxford University Press.

Owen, A. M., McMillan, K. M., Laird, A. R., & Bullmore, E. (2005). N-back working memory paradigm: A meta-analysis of normative functional neuroimaging studies. *Human Brain Mapping, 25*, 46-59.

Owen, A. M., Stern, C. E., Look, R. B., Tracey, I., Rosen, B. R., & Petrides, M. (1998). Functional organization of spatial and nonspatial working memory processing within the human lateral frontal cortex. *Proceedings of the National Academy of Science, USA, 95*, 7721.

Papert, S. A. (1980). *Mindstorms*. Basic Books.

Pelphrey, K. A., Sasson, N. J. Reznick, J. S., Paul, G., Goldman, B. D., & Piven, J. (2002). Visual scanning of faces in autism. *Journal of Autism and Developmental Disorders, 32*, 249-261.

Piccoli, T., Valente, G., Linden, D. E., Re, M., Esposito, F., Sack, A. T., & Di Salle F. (2015). The default mode network and the working memory network are not anti-correlated during all phases of a working memory task. *PLoS One, 10*(4):e0123354.

Pierce, K., Muller, R.A., Ambrse, J., Allen, G., & Courchesne, E. (2001). Face processing occurs outside the fusiform 'Face Area' in autism: Evidence from functional MRI. *Brain, 124*, 2059-2073.

Plaisted, K. C., O'Riordan, M., & Baron-Cohen, S. (1998). Enhanced visual search for a conjunctive target in autism: A research note. *Journal of Child Psychology and Psychiatry, 39*, 777-783.

Plaisted, K. C., Swettenham, J., & Rees, L. (1999). Children with autism show local precedence in a divided attention task and global precedence in a selective attention task. *Journal of Child Psychology and Psychiatry, 40*, 733-742.

Prat, C. S., Keller, T. A., & Just, M. A. (2007). Individual differences in sentence comprehension: A functional magnetic resonance imaging investigation of syntactic and lexical processing demands. *Journal of Cognitive Neuroscience, 19*, 1950-1963.

Prat, C. S., Mason, R. A., & Just, M. A. (2011). Individual differences in the role of the right hemisphere in causal inference comprehension. *Brain & Language, 116*, 1-13.

Prior, M. R., & Bradshaw, J. L. (1979). Hemisphere functioning in autistic children. *Cortex, 15*, 73-81.

Prabhakaran, V., Smith, J. A., Desmond, J. E., Glover, G. H. & Gabrieli, J. D. (1997). Neural substrates of fluid reasoning: An fMRI study of neocortical activation during performance of the Raven's Progressive Matrices test. *Cognitive Psychology, 33*, 43-63.

Prabhakaran, V. & Rypma, B. (2007). P-Fit and the neuroscience of intelligence: How well does P fit? *Behavioral and Brain Sciences, 30*, 166-167.

Raichle, M. E. (2011). The restless brain. *Brain Connecitivity, 1*, 3-12.

Raichle, M. E. (2015). The brain's default mode network. *Annual Review of Neuroscience, 38*, 433-447.

Raichle, M. E., MacLeod, A. M., Snyder, A. Z., Powers, W. J., Gusnard, D. A., & Shulman, G. L. (2001). A default mode of brain function. *Proceedings of the National Academy Sciences, USA, 98*,

676-682.

Rainer, G., & Miller, E. K. (2000). Effects of visual experience on the representation of objects in the prefrontal cortex. *Neuron, 27*, 179-189.

Ramsey, N. F., Jansma, J. M., Jager, G., Van Raalten, T., & Kahn, R. S. (2004). Neurophysiological factors in human information processing capacity. *Brain, 127*, 517-525.

Reuter-Lorenz, P. A., & Sylvester, C-Y. C. (2005). The cognitive neuroscience of working memory and aging. In Cabeza, R., Nyberg, L., & Park, D. (Eds), *Cognitive neuroscience of aging: Linking cognitive and cerebral aging* (pp. 186-217). Oxford University Press.

Rilling, J. K., Sanfey, A. G., Aronson, J. A., Nystrom, L. E., & Cohen, J. D. (2004). The neural correlates of theory of mind within interpersonal interactions. *Neuroimage, 22*, 1694-1703.

Ring, H. A., Baron-Cohen, S., Wheelwright, S., Williams, S. C. R., Brammer, M., Andrew, C., & Bullmore, E. T. (1999). Cerebral correlates of preserved cognitive skills in autism. *Brain, 122*, 1305-1315.

Rizzolatti, G., & Craighero, L. (2004). The mirror-neuron system. *Annual Review of Neuroscience, 27*, 169-192.

Roper, D., & Mitchell, P. (1999). Are individuals with autism and Asperger's syndrome susceptible to visual illusions? *Journal of child Psychology and Psychiatry and Allied Disciplines, 40*, 1283-1293.

Rosenblatt, F. (1958). The Perceptron: A probabilistic model for information storage and organization in the brain. *Psychological Review, 65*, 386-408.

Rumelhart, D. E., McClelland, J. L., & PDP Research Group. (1986). *Parallel distributed processing. Explorations in the microstructure of cognition*, Volume 1: *Foundations*. MIT Press.

Sacks, O. (1996). *An anthropologist on Mars: Seven paradoxical tales*. Vintage.

Salvador, R., Suckling, J., Coleman, M. R., Pickard, J. D., Menon, D., & Bullmore, E. (2005). Neurophysiological architecture of functional magnetic resonance images of human brain. *Cerebral Cortex, 15*, 1332-42.

佐々木正人 (1994).『アフォーダンス —— 新しい認知の理論』岩波書店.

Schacter, D. L., Addis, D. R., & Buckner, R. L. (2007). Remembering the past to imagine the future: The prospective brain. *Nature Review Neuroscience, 8*, 657-661.

Schmithorst, V. J., Wilke, M., Dardzinski, B. J., & Holland, S. K. (2005). Cognitive functions correlate with white matter architecture in a normal pediatric population: A diffusion tensor MR imaging study. *Human Brain Mappi ng, 26*, 139-147.

Schneider, W. & Shiffrin. R. M. (1977). Controlled and automatic human information processing: I. Detection, search, and attention. *Psychological Review, 84*, 1-66.

Schultz, R. T. (2005). Developmental deficits in social perception in autism: The role of the amygdala and fusiform face area. *International Journal of Developmental Neuroscience, 23*, 125-141.

Schultz, R. T., Gauthier, I., Klin, A., Fulbright, R. K., Anderson, A. W., Volkmar, F., Skudlarski, P., Lacadie, C., Cohen, D. J., & Gore, J. C. (2000). Abnormal ventral temporal cortical activity during face discrimination among individuals with autism and asperger syndrome. *Archives of General*

Psychiatry, 57, 331-340.

Seeley, W. W., Menon, V., Schatzberg, A. F., Keller, J., Glover, G. H., Kenna, H., Reiss, A. L., & Greicius, M. D. (2007). Dissociable intrinsic connectivity networks for salience processing and executive control. *Journal of Neuroscience, 27*, 2349-2356.

Seung, S. (2012). *Connectome: How the brain's wiring makes us who we are*. Mariner Books.

Seghier, M. L., & Price, C. J. (2012). Functional heterogeneity within the default network during semantic processing and speech production. *Frontiers in Psychology, 3*, 281.

Sestieri, C., Corbetta, M., Romani, G. L., & Shulman, G. L. (2011). Episodic memory retrieval, parietal cortex, and the default mode network: Functional and topographic analyses. *Journal of Neuroscience, 31*, 4407-20.

Shah, A. & Frith, U. (1983). An islet of ability in autistic children: A research note. *Journal of Child Psychology and Psychiatry, 24*, 613-620.

Shah, A., & Frith, U. (1993). Why do autistic individuals show superior performance on the Block Design Task? *Journal of Child Psychology and Psychiatry, 34*, 1351-1364.

Shah, P., & Miyake, A. (1996). The separability of working memory resources for spatial thinking and language processing: An individual differences appr oach. *Journal of Experimental Psychology: General, 125*, 4-27.

Sheline, Y. I., Barch, D. M., Price, J. L., Rundle, M. M., Vaishnavi, S. N., Snyder, A. Z., Mintun, M. A., Wang, S., Coalson, R. S., & Raichle, M. E. (2009). The default mode network and self-referential processes in depression. *Proceedings of the National Academy Sciences, USA, 106*, 1942-1947.

Shiffrin. R. M. & Schneider, W. (1977). Controlled and automatic human information processing: II. Perceptual learning, automatic attending, and a general theory. *Psychological Review, 84*, 127-190.

Shmuel, A., Augath, M., Oeltermann, A., & Logothetis, N. K. (2006). Negative functional MRI response correlates with decreases in neuronal activity in monkey visual area V1. *Nature Neuroscience, 9*, 569-577.

Shmuel, A., Yacoub, E., Pfeuffer, J., Van de Moortele, P-F., Adriany, G., Hu, X., & Ugurbil, K. (2002). Sustained negative BOLD, blood flow and oxygen consumption response and its coupling to the positive response in the human brain. *Neuron, 36*, 1195-1210.

Shulman, G. L., Fiez, J. A., Corbetta, M., Buckner, R. L., Miezin, F. M., Raichle, M. E., & Petersen, S. E. (1997). Common blood flow changes across visual tasks: II. Decreases in cerebral cortex. *Journal of Cognitive Neuroscience, 9*, 648-663.

Shulman, G. L., McAvoy, M. P., Cowan, M. C., Astafiev, S. V., Tansy, A. P., d'Avossa, G., & Corbetta, M. (2003). Quantitative analysis of attention and detection signals during visual search. *Journal of Neurophysiology, 90*, 3384-3397.

Smallwood, J., & Schooler, J. W. (2006). The restless mind. *Psychological Bulletin, 132*, 946-958.

Smith, A. T., Williams, A. L., & Singh, K. D. (2004). Negative BOLD in the visual cortex: Evidence against blood stealing. *Human Brain Mappi ng, 21*, 213-220.

Smith, E. E., Geva, J., Jonides, J., Miller, A., Reuter-Lorenz, P., & Koeppe, R. (2001). The neural

basis of task-switching in working memory: Effects of performance and aging. *Proceedings of National Academy of Science, USA, 98*, 2095-2100.

Smith, E. E., & Jonides, J. (1999). Storage and executive processes in the frontal lobes. *Science, 283*, 1657-1661.

Snowling, M., & Frith, U. (1986). Comprehension in "Hyperlexic" readers. *Journal of Experimental Child Psychology, 42*, 392-415.

Sodian, B. & Frith, U. (1992). Deception and sabotage in autistic, retarded and normal children. *Journal of Child Psychology & Psychiatry, 33*, 591-605.

Sporns, O. (2012). *Discovering the Human Connectome*. The MIT Press.

Spreng, R. N. (2012). The fallacy of a "task-negative"network. *Frontiers in Psychology, 3*, 1-5.

Spreng, R. N., DuPre, E., Selarka, D., Garcia, J., Gojkovic, S., Mildner, J., Luh, W. M., & Turner, G. R. (2014). Goal-congruent default network activity facilitates cognitive control. *Journal of Neuroscience, 34*, 14108-14114.

Spreng, R. N., & Grady, C. (2010). Patterns of brain activity suppo rting autobiographical memory, prospection and theory-of-mind and their relationship to the default mode network. *Journal of Cognitive Neuroscience, 22*, 1112-1123.

Spreng, R. N., Mar, R. A., & Kim, A. S. N. (2008). The common neural basis of autobiographical memory, prospection, navigation, Theory of Mind, and the Default Mode: A quantitative meta-analysis. *Journal of Cognitive Neuroscience, 21*, 489-510.

Stam, C. J. (2014). Modern network science of neurological disorders. *Nature Reviews Neuroscience, 15*, 683-695.

Stawarczyk, D., Majerus, S., Maquet, P., & D'Argembeau, A. (2011). Neural correlates of ongoing conscious experience: Both task-unrelatedness and stimulus-independence are related to Default Network activity. *PLoS ONE, 6*(2): e16997.

Sternberg, R. J. (1990). *Metaphors of mind: Conceptions of the nature of intelligence*. Cambridge University Press.

Summerfield, J. J., Hassabis, D., & Maguire, E. A. (2010). Differential engagement of brain regions within a 'core' network during scene construction. *Neuropsychologia, 48*, 1501-1509.

Supekar, K., Menon, V., Rubin, D., Musen, M.,& Greicius, M. D. (2008). Network analysis of intrinsic functional brain connectivity in Alzheimer's disease. *PLOS Computational Biology*, 4.

Takeuchi, H., Taki, Y., Hashizume, H., Sassa, Y., Nagase, T., Nouchi, R., & Kawashima, R. (2011). Cerebral blood flow during rest associates with general intelligence and creativity. *PLoS ONE, 6*, e25532.

Todd, J. J., Fougnie, D., & Marois, R. (2005). Visual-short term memory load suppr esses temporo-parietal junction activity and induces inattentional blindness. *Psychological Science, 16*, 965-972.

Tomasi, D., Ernst, T., Caparelli, E. C., & Chang, L. (2006). Common deactivation patterns during working memory and visual attention tasks: An intrasubject fMRI study at 4 Tesla. *Human Brain Mappi ng, 27*, 694-705.

Tootell, R. B. H., Hadjikhani, N., Hall, E. K., Marrett, S., Vanduffel, W., Vaughan, J. T., & Dale, A. M. (1998). The retinotopy of visual spatial attention. *Neuron, 21*, 1409 - 1422.

Toro, R., Fox, P. T., & Paus, T. (2008). Functional coactivation map of the human brain. *Cerebral Cortex, 18*, 2553 - 2559.

Treffert, D. A. (1989). *Extraordinary people: Understanding "idiot savants"*. Harper & Row.（高橋健次（訳）『なぜかれらは天才的能力を示すのか ── サヴァン症候群の驚異』草思社, 1990.）

Turner, M. L., & Engle, R. W. (1989). Is working memory capacity task dependent? *Journal of Memory & Language, 28*, 127 - 154.

van den Heuvel, M. P., & Hulshoff Pol, H. E. (2010). Exploring the brain network: a review on resting - state fMRI functional connectivity. *European Neuropsychopharmacology, 20*, 519 - 534.

van den Heuvel, M. P., Stam, C. J., Kahn, R. S., & Hulshoff Pol, H. E. H. (2009). Efficiency of functional brain networks and intellectual performance. *The Journal of Neuroscience, 29*, 7619 - 7624.

Watts, D. J. & Strogatz, S. H. (1998). Collective dynamics of 'small - world' networks. *Nature, 393*, 440 - 442.

Weissman, D. H., Roberts, K. C., Visscher, K. M., & Woldorff, M. G. (2006). The neural basis of momentary lapses in attention. *Nature Neuroscience, 9*, 971 - 978.

Whitfield - Gabrieli, S., & Ford, J. M. (2012). Default mode network activity and connectivity in psychopathology. *Annual Review of Clinical Psychology, 8*, 49 - 76.

Williamson, P. (2007). Are anticorrelated networks in the brain relevant to schizophrenia? *Schizophrenia Bulletin, 33*, 994 - 1003.

Wilson, M. (2002). Six views of embodied cognition. *Psychonomic Bulletin & Review, 9*, 625 - 636.

Witkin, H. A., Moore, C. A., Goodenough, D. R., & Cox, P. W. (1977). Field - dependent and field - independent cognitive styles and their educational implications. *Review of Educational Research, 47*, 1 - 64.